Intervención y Análisis Pericial de Hidrocarburos en México

Guía Técnica para el Químico Forense en Delitos Relacionados con Hidrocarburos

Rafael Uriel González Lozano
Erika Jazmín Rebollar López
Javier Ozziel Garrido Guadarrama

Intervención y Análisis Pericial de Hidrocarburos en México

Guía Técnica para el Químico Forense en Delitos Relacionados con Hidrocarburos

ELIVA PRESS

ISBN: 978-99993-3-576-8

Cover Design: Eliva Press
Cover Image: www.ingimage.com
Email: info@elivapress.com
Website: www.elivapress.com

This Eliva Press imprint is published by the registered company Eliva Press Global Ltd. part of Eliva Press S.R.L. Publishing Group

The registered company address is: Pope Hennessy Street Level 2, Hennessy Tower Port Louis, Mauritius
Eliva Press S.R.L. Publishing Group legal address is: Bd. Cuza-Voda 1/4 of. 21, Chisinau, Moldova, Europe

Intervención y análisis pericial de hidrocarburos en México

Guía técnica para el químico forense en delitos relacionados con hidrocarburos

GONZÁLEZ LOZANO RAFAEL URIEL
REBOLLAR LÓPEZ ERIKA JAZMÍN
GARRIDO GUADARRAMA JAVIER OZZIEL

Índice

ADVERTENCIA LEGAL

La presente obra tiene carácter **técnico–pericial** y está dirigida a **químicos forenses, peritos y profesionales afines** que intervienen en la investigación de delitos relacionados con hidrocarburos.

El contenido de este libro:

- **No sustituye** protocolos institucionales, manuales operativos, lineamientos internos ni órdenes expresas del Ministerio Público.
- **No constituye** un instructivo operativo policial ni autoriza la realización de actos de investigación fuera del marco legal aplicable.
- **No pretende estandarizar** procedimientos únicos, sino **exponer criterios técnicos periciales**, basados en principios químicos, físicos y de seguridad ampliamente aceptados, así como en la experiencia profesional del autor.

Las decisiones descritas en esta obra —incluyendo la **toma o no toma de muestras**, la **determinación de volúmenes**, y la **suspensión de una intervención por razones de seguridad**— deben entenderse como **criterios técnicos orientativos**, cuya aplicación concreta depende del contexto, las condiciones del sitio, el marco jurídico vigente y las instrucciones de la autoridad competente.

El autor **no asume responsabilidad** por el uso indebido, parcial o fuera de contexto de la información aquí contenida. La responsabilidad última de cualquier actuación pericial recae en la autoridad que la ordena y en el profesional que la ejecuta, conforme a sus atribuciones legales. El uso de este libro implica el reconocimiento de que **la seguridad personal, la integridad de la evidencia y el respeto a la ley** prevalecen sobre cualquier interés operativo o presión circunstancial.

PRÓLOGO

En los delitos relacionados con hidrocarburos, el volumen casi siempre parece un dato sencillo. Se anota rápido, se redondea, se da por entendido. Sin embargo, en la práctica pericial es uno de los elementos que **más se cae**, **más se discute** y **más consecuencias tiene** cuando está mal determinado.

A lo largo de los años, se ha normalizado tratar el volumen como un dato accesorio, cuando en realidad es un **dato estructural**: condiciona la gravedad del hecho, el riesgo físico en campo, la necesidad o no de muestreo, el tipo de análisis posterior y, finalmente, la solidez del dictamen frente a un juez.

Este libro nace de una realidad operativa clara: **no todo se puede medir**, **no todo se debe muestrear** y **no todo lo que parece gasolina lo es**. El trabajo del perito químico en estos eventos no consiste en "hacer todo", sino en **decidir correctamente qué hacer y qué no hacer**, y poder explicarlo con criterio técnico.

Aquí no se presentan recetas rápidas ni procedimientos universales. Se presentan **criterios**. Criterios para intervenir o retirarse, para medir o estimar, para tomar o no tomar muestras, para priorizar la seguridad sin sacrificar valor probatorio. En muchos casos, la decisión más profesional no es actuar, sino **documentar por qué no se actuó**.

El volumen ocupa un lugar central en esta obra porque es el punto donde convergen la física, la química, la seguridad y el derecho. Un error en su determinación no solo afecta un número: **afecta todo el dictamen**. Por el contrario, un volumen correctamente determinado —aunque sea estimado—, bien justificado y técnicamente defendido, suele resistir el escrutinio judicial.

Este texto está dirigido a quienes trabajan en campo, en laboratorio y frente a expedientes reales. No pretende sustituir normas ni protocolos institucionales, sino **ordenar la experiencia técnica**, señalar errores recurrentes y ofrecer un marco de actuación razonado para escenarios que, en la práctica, rara vez son ideales.

Si este libro logra que el lector dude antes de medir, piense antes de muestrear y escriba con mayor claridad lo que realmente hizo —y lo que decidió no hacer—, entonces habrá cumplido su objetivo.

LISTA DE ABREVIATURAS

- API
  American Petroleum Institute
- API MPMS
  Manual of Petroleum Measurement Standards (API)
- CTL
  Correction for the Temperature of the Liquid (factor de corrección por temperatura)
- EPP
  Equipo de Protección Personal
- ESD
  Electrostatic Discharge (descarga electrostática)
- IBC
  Intermediate Bulk Container (contenedor intermedio para granel, "cubitán")
- kg
  Kilogramo
- L
  Litro
- m^3
  Metro cúbico
- MP
  Ministerio Público
- NOM
  Norma Oficial Mexicana
- PEMEX
  Petróleos Mexicanos
- PROFECO
  Procuraduría Federal del Consumidor
- STPS
  Secretaría del Trabajo y Previsión Social

- T

  Temperatura
- T_obs

  Temperatura observada en campo
- V

  Volumen
- V_n

  Volumen nominal del contenedor
- V_obs

  Volumen observado en campo
- V_e

  Volumen estimado
- V_u

  Volumen útil
- VCF

  Volume Correction Factor (factor de corrección volumétrica)
- °C

  Grados Celsius

INTRODUCCIÓN GENERAL

En la investigación de hechos relacionados con hidrocarburos, el trabajo pericial suele desarrollarse en escenarios poco controlados: contenedores improvisados, mezclas de origen incierto, condiciones ambientales variables y presiones operativas que exigen resultados inmediatos. En ese contexto, la determinación del volumen se vuelve una tarea crítica, no solo por su valor técnico, sino por las implicaciones legales y de seguridad que conlleva.

A diferencia de otros análisis químicos, el volumen **no se define en el laboratorio**, sino en el sitio de intervención. Se fija en campo, bajo condiciones reales, con información incompleta y, en muchos casos, con riesgos evidentes. Por esa razón, el volumen no puede tratarse como un dato accesorio ni como un simple cálculo geométrico: es una **decisión pericial**.

Este libro parte de una premisa clara: **medir no siempre es posible y muestrear no siempre es conveniente**. La experiencia demuestra que muchos errores periciales no provienen de la falta de conocimiento técnico, sino de la falta de criterio para decidir cuándo intervenir, cómo hacerlo y cuándo detenerse. La presión por "hacer algo" suele generar dictámenes frágiles, difíciles de sostener en sede judicial.

A lo largo de la obra se analizan los factores que influyen directamente en la determinación del volumen: el tipo de producto, la presencia de mezclas, la temperatura, el tiempo, el tipo de contenedor y las condiciones de seguridad. Se aborda también la diferencia entre volumen observado, volumen estimado y volumen útil, así como los márgenes de error aceptables y la forma correcta de documentarlos.

Un eje central del texto es la **separación de funciones**. El perito químico no sustituye al Ministerio Público, no replica funciones de PROFECO y no valida procesos industriales de PEMEX. Cada actor tiene un ámbito definido, y confundir esos límites suele traducirse en errores técnicos o interpretaciones indebidas del dictamen.

Asimismo, se pone énfasis en la relación entre volumen y muestreo. La toma de muestras se analiza como lo que realmente es: una herramienta auxiliar, no un fin en sí misma. Se explican los criterios para tomar muestras de forma segura, representativa y defendible, así como las razones técnicas para decidir no hacerlo cuando las condiciones no lo permiten.

Finalmente, este libro no busca establecer un procedimiento único. Los escenarios reales rara vez se ajustan a protocolos ideales. Lo que se propone es un marco de actuación que permita al perito **razonar sus decisiones**, documentarlas con claridad y sostenerlas técnicamente ante cualquier revisión.

El objetivo no es que el lector haga más, sino que **haga mejor**: que mida cuando corresponda, que estime cuando sea necesario, que se retire cuando el riesgo lo amerite y que pueda explicar, con fundamentos, cada una de esas decisiones.

Capítulo 1 Roles, competencias y responsabilidades

En la investigación de hechos relacionados con hidrocarburos, uno de los principales problemas no es la falta de técnicas analíticas, sino la **confusión de funciones** entre las autoridades y los peritos involucrados. Esta confusión suele traducirse en dictámenes que exceden competencias, conclusiones mal planteadas y, en consecuencia, debilidad probatoria.

La correcta determinación del volumen y la toma de decisiones periciales solo pueden sostenerse cuando cada actor actúa **dentro de los límites de su función**, conforme al marco legal y técnico aplicable [1,2].

1.1 Función del Ministerio Público

El Ministerio Público es la autoridad encargada de **dirigir la investigación penal**. Su función es jurídica y de conducción del procedimiento, no técnica. En materia de hidrocarburos, le corresponde:

- Ordenar y autorizar la intervención pericial.
- Delimitar el objeto de la diligencia.
- Decidir el destino legal de la evidencia asegurada.
- Integrar el dictamen pericial a la carpeta de investigación.

El Ministerio Público **no determina volúmenes, no clasifica químicamente productos** ni **define criterios técnicos de seguridad**, ya que estas funciones corresponden a especialistas [1]. Cuando el Ministerio Público invade el ámbito técnico, se generan actos que pueden ser cuestionados por falta de sustento pericial.

1.2 Función y límites del perito químico

El perito químico tiene una función **técnica especializada**, orientada a aportar conocimiento científico al proceso penal. Su responsabilidad principal es **emitir conclusiones técnicas fundadas**, bajo condiciones reales y seguras [2].

En delitos relacionados con hidrocarburos, al perito químico le corresponde:

- Evaluar el sitio desde el punto de vista químico y físico.

- Determinar o estimar el volumen del material asegurado, cuando las condiciones lo permiten.
- Decidir, con base en criterios técnicos, la toma o no toma de muestras.
- Identificar y clasificar el tipo de hidrocarburo o mezcla.
- Documentar errores, incertidumbre y limitaciones técnicas.

El perito químico **no está obligado a intervenir** cuando existan condiciones que representen un riesgo para la seguridad personal o la integridad de la evidencia. La **no intervención**, debidamente justificada y documentada, constituye una decisión técnica válida [3].

Asimismo, no corresponde al perito químico:

- Determinar responsabilidades penales.
- Validar volúmenes comerciales.
- Certificar procesos industriales o logísticos.

1.3 Función de PEMEX como laboratorio de referencia

Petróleos Mexicanos participa como **entidad técnica de referencia** principalmente en la **caracterización de productos petrolíferos.** Su intervención se limita al análisis de muestras para:

- Identificar el tipo de producto (gasolina, diésel, condensado, etc.).
- Evaluar propiedades físico-químicas generales.
- Comparar resultados con especificaciones técnicas internas [4].

PEMEX **no determina el volumen asegurado, no acredita por sí misma la procedencia ilícita** del producto y **no sustituye el dictamen pericial.** Sus reportes deben interpretarse como **información técnica auxiliar**, integrada y valorada por el perito químico dentro del contexto del caso.

1.4 Función de PROFECO

La Procuraduría Federal del Consumidor tiene una función **metrológica y comercial**, no penal. Su intervención se centra en la verificación de:

- Correcta dispensación de combustibles.
- Cumplimiento del principio de "litro por litro".
- Funcionamiento de instrumentos de medición en estaciones de servicio [5].

PROFECO **no determina volúmenes asegurados en delitos, no clasifica mezclas ilícitas** y **no sustituye análisis periciales penales**. Su actuación es válida en el ámbito comercial, pero **no debe confundirse** con la determinación pericial del volumen dentro de una investigación penal.

1.5 Separación de funciones y protección pericial

La correcta delimitación de funciones protege tanto la investigación como a los profesionales involucrados. Cuando cada actor actúa dentro de su competencia:

- El dictamen es técnicamente sólido.
- El expediente es más claro y defendible.
- Se reducen riesgos legales y personales.

Por el contrario, la mezcla de funciones genera conclusiones indefendibles y expone innecesariamente a los peritos [2,3]. Por ello, el perito químico debe dejar constancia expresa de:

- Las acciones realizadas.
- Las acciones no realizadas.
- Las razones técnicas para cada decisión.

Esta delimitación no constituye evasión, sino **responsabilidad profesional**.

Conclusiones del capítulo

La determinación del volumen y la toma de decisiones periciales en materia de hidrocarburos dependen directamente de la **claridad en las competencias**. El perito químico aporta conocimiento técnico especializado, sin sustituir a la autoridad ni a otras instituciones.

Respetar estos límites fortalece el dictamen y mejora su capacidad de resistir el escrutinio judicial.

Referencias

1. **Código Nacional de Procedimientos Penales**. Cámara de Diputados del H. Congreso de la Unión, México.
2. **Ley General del Sistema Nacional de Seguridad Pública**. Diario Oficial de la Federación, México.

3. **NOM-005-STPS-1998**. Condiciones de seguridad e higiene en centros de trabajo para el manejo, transporte y almacenamiento de sustancias químicas peligrosas.
4. **Manual de Petróleos Mexicanos para la caracterización de productos petrolíferos**. PEMEX.
5. **Ley Federal de Protección al Consumidor** y disposiciones metrológicas aplicables. PROFECO, México.

Capítulo 2 Productos sustraídos y su impacto en la medición del volumen

En los eventos relacionados con el robo y manejo ilícito de hidrocarburos, uno de los errores más comunes es asumir que todo el material asegurado corresponde a "gasolina". Esta simplificación afecta directamente la **determinación del volumen**, la **evaluación del riesgo** y la **interpretación posterior del dictamen**.

El tipo de producto —o mezcla— condiciona el comportamiento físico del material: densidad, volatilidad, expansión térmica y generación de vapores. Por ello, la correcta identificación **no es un asunto secundario**, sino un elemento que define cómo se mide, cómo se estima y cómo se documenta el volumen [1,2].

2.1 Gasolinas comerciales

Las gasolinas comerciales son mezclas complejas de hidrocarburos ligeros, diseñadas para operar dentro de rangos específicos de volatilidad y densidad. En campo, se caracterizan por:

- Alta volatilidad.
- Olor penetrante.
- Generación rápida de vapores.
- Alta sensibilidad a la temperatura.

Desde el punto de vista pericial, la gasolina presenta dos implicaciones clave para el volumen:

1. **Expansión térmica significativa**, que puede generar variaciones apreciables entre el volumen observado y el volumen corregido.
2. **Pérdida de fracciones ligeras** por evaporación cuando el contenedor no es hermético.

Por ello, el volumen de gasolina debe documentarse siempre con referencia a las **condiciones ambientales**, particularmente la temperatura, y con la advertencia de que se trata de un volumen determinado bajo condiciones de campo [3].

2.2 Diésel automotriz e industrial

El diésel presenta un comportamiento físico distinto al de la gasolina:

- Menor volatilidad.

- Mayor densidad.
- Menor generación de vapores en condiciones normales.
- Menor variación volumétrica frente a cambios moderados de temperatura.

Estas características suelen generar una **falsa percepción de seguridad**, que puede llevar a una manipulación innecesaria del material. Desde el punto de vista del volumen, el diésel permite una medición más estable; sin embargo, esto **no elimina el riesgo**, especialmente cuando se manejan grandes cantidades [2,4].

En dictamen, es importante dejar claro que la menor volatilidad **no implica ausencia de peligro**, ni autoriza procedimientos improvisados.

2.3 Combustóleo y productos pesados

Los productos pesados, como el combustóleo, presentan:

- Alta viscosidad.
- Baja volatilidad.
- Densidades elevadas.
- Escasa generación de vapores a temperatura ambiente.

En estos casos, la determinación del volumen suele verse afectada por:

- Adherencia del material a las paredes del contenedor.
- Dificultad para definir niveles claros.
- Presencia de residuos sólidos o semisólidos.

La medición del volumen en productos pesados suele requerir **estimación técnica**, documentando las limitaciones físicas del material y del contenedor [4].

2.4 Condensados y corrientes intermedias

Los condensados y corrientes intermedias pueden presentar comportamientos variables, dependiendo de su composición específica. En campo, pueden confundirse fácilmente con gasolina o diésel ligero.

Sus principales implicaciones para el volumen son:

- Variabilidad en densidad y volatilidad.
- Respuesta impredecible a cambios de temperatura.
- Riesgo de sobreestimar o subestimar el volumen si se asume un producto "típico".

En estos casos, el perito debe ser especialmente cuidadoso en **no asignar características estándar** sin respaldo técnico, y documentar la naturaleza incierta del material [1,3].

2.5 Impacto del tipo de producto en la medición del volumen

El tipo de producto influye directamente en:

- La elección del método de medición.
- La necesidad de corrección por temperatura.
- El margen de error aceptable.
- La decisión de tomar o no tomar muestras.

Asumir que todos los hidrocarburos se comportan igual conduce a errores sistemáticos. Por ello, el dictamen debe reflejar no solo el volumen determinado, sino también **el contexto físico del producto** que condicionó dicha determinación.

Conclusiones del capítulo

El volumen no puede interpretarse de manera aislada del tipo de producto asegurado. Gasolinas, diésel, productos pesados y corrientes intermedias presentan comportamientos físicos distintos que influyen directamente en la medición, la estimación y la incertidumbre asociada.

Reconocer estas diferencias no complica el dictamen; por el contrario, **lo fortalece**, al dejar claro que el volumen fue determinado considerando la naturaleza real del material involucrado.

Referencias

1. **API Manual of Petroleum Measurement Standards (MPMS)**. American Petroleum Institute.
2. **NFPA 30**. Flammable and Combustible Liquids Code. National Fire Protection Association.
3. **ASTM D4057 / D1298**. Standard Test Methods for Density of Petroleum Products. ASTM International.
4. **Guías técnicas de caracterización de productos petrolíferos**. Petróleos Mexicanos (PEMEX).

Capítulo 3 Mezclas clandestinas y falsos combustibles

En campo, una de las situaciones más complejas para el perito químico no es identificar un producto "puro", sino enfrentarse a **mezclas de origen desconocido**. En los eventos ilícitos, el material asegurado rara vez corresponde a un hidrocarburo con especificación comercial definida. Lo habitual es encontrar **mezclas clandestinas**, formuladas sin control técnico, cuyo comportamiento físico puede variar de manera significativa.

Estas mezclas afectan directamente la **determinación del volumen**, la **evaluación del riesgo** y la **interpretación de los resultados analíticos**. Tratar una mezcla como si fuera un combustible comercial estándar es una de las principales causas de errores periciales [1,2].

3.1 El "huachicol" como término no técnico

El término "huachicol" se utiliza de forma coloquial para referirse a cualquier combustible robado o adulterado. Desde el punto de vista pericial, **no describe una sustancia**, sino un **contexto ilícito.**

En la práctica, bajo ese término pueden agruparse:

- Gasolina sin adulterar.
- Gasolina mezclada con alcoholes.
- Diésel diluido con solventes.
- Condensados o corrientes intermedias.
- Sustancias no petrolíferas que simulan combustibles.

Asumir que "huachicol" equivale a gasolina es un error técnico que impacta la medición del volumen, la corrección por temperatura y la evaluación del riesgo [1].

3.2 Mezclas con etanol y otros alcoholes

La adición de etanol u otros alcoholes es una práctica frecuente en mezclas clandestinas. Estos compuestos modifican de manera importante las propiedades del material:

- Disminuyen o alteran la densidad.
- Incrementan la volatilidad en ciertas proporciones.
- Cambian el comportamiento de expansión térmica.
- Aumentan la afinidad por el agua.

Desde el punto de vista del volumen, estas mezclas:

- **No responden de manera predecible** a factores de corrección estándar.
- Pueden generar errores si se aplican coeficientes diseñados para hidrocarburos "puros".
- Incrementan la incertidumbre asociada a la medición.

Por ello, cuando se sospecha la presencia de alcoholes, el volumen debe documentarse como **volumen observado**, evitando afirmaciones categóricas sobre correcciones que no pueden justificarse técnicamente [3,4].

3.3 Uso de solventes, diluyentes y desengrasantes

Otra práctica recurrente es la adición de solventes industriales, diluyentes o desengrasantes que, visualmente, pueden parecer gasolina o diésel. Estas sustancias pueden incluir:

- Aromáticos ligeros.
- Hidrocarburos oxigenados.
- Mezclas de limpieza industrial.

Estas sustancias presentan riesgos específicos:

- Puntos de inflamación distintos.
- Generación intensa de vapores.
- Comportamiento impredecible ante cambios de temperatura.

En términos de volumen, estas mezclas **invalidan cualquier suposición estándar** y obligan al perito a manejar el dato con especial cautela, privilegiando la seguridad y la documentación de la incertidumbre [2,5].

3.4 Sustancias de limpieza que aparentan combustibles

En algunos sitios se localizan líquidos utilizados originalmente como productos de limpieza o recuperación de residuos, que presentan:

- Color similar a la gasolina.
- Olor intenso.
- Baja viscosidad.

Estos productos **no son combustibles comerciales**, pero pueden comportarse como líquidos inflamables. Medirlos como si fueran hidrocarburos puede llevar a conclusiones erróneas sobre volumen, riesgo y clasificación.

El perito debe evitar clasificaciones apresuradas y dejar constancia de que se trata de **materiales de composición no definida**, hasta contar con análisis confirmatorio [1,4].

3.5 Impacto de las mezclas clandestinas en la determinación del volumen

Las mezclas clandestinas afectan la determinación del volumen en varios niveles:

- Alteran la relación volumen–temperatura.
- Incrementan el margen de error.
- Limitan la aplicación de tablas y factores de corrección.
- Condicionan la decisión de muestrear o no muestrear.

En estos casos, el volumen debe tratarse como un **dato condicionado**, documentando de forma explícita:

- Las suposiciones realizadas.
- Las limitaciones técnicas.
- La naturaleza no estandarizada del material.

Este enfoque no debilita el dictamen; por el contrario, **lo hace defendible** frente a cuestionamientos técnicos y legales.

Conclusiones del capítulo

Las mezclas clandestinas y los falsos combustibles representan uno de los mayores retos en la investigación pericial de hidrocarburos. Su comportamiento físico impredecible obliga al perito químico a abandonar supuestos estándar y a priorizar la seguridad, la documentación de la incertidumbre y la claridad en la redacción del dictamen.

Reconocer que el material asegurado **no corresponde a un combustible comercial definido** es una fortaleza técnica, no una debilidad pericial.

Referencias

1. **API Manual of Petroleum Measurement Standards (MPMS)**. American Petroleum Institute.

2. **NFPA 30**. Flammable and Combustible Liquids Code. National Fire Protection Association.
3. **ASTM D4806**. Standard Specification for Denatured Fuel Ethanol. ASTM International.
4. **Guías técnicas de caracterización de mezclas de hidrocarburos**. Petróleos Mexicanos (PEMEX).
5. **NIOSH Pocket Guide to Chemical Hazards**. National Institute for Occupational Safety and Health.

Capítulo 4 Evaluación inicial del sitio y decisión de intervención

Antes de cualquier medición, muestreo o cálculo de volumen, existe una decisión previa que condiciona todo el trabajo pericial: **intervenir o no intervenir**. Esta evaluación inicial no es un trámite, es una **decisión técnica crítica**. Un error en esta etapa puede comprometer la seguridad del personal, la integridad de la evidencia y la validez del dictamen.

La evaluación del sitio debe realizarse **sin contacto inicial** con el material, mediante observación sistemática y registro. La prisa por medir o muestrear es una de las causas más frecuentes de incidentes y de dictámenes débiles [1,2].

4.1 Reconocimiento visual inicial (sin contacto)

El reconocimiento visual es el primer filtro técnico. Debe realizarse manteniendo distancia y evitando cualquier manipulación del material. En esta etapa se evalúan, entre otros, los siguientes aspectos:

- Tipo y estado de los contenedores (integridad, corrosión, deformaciones).
- Presencia de derrames, escurrimientos o charcos.
- Nivel aparente del líquido y estabilidad del contenedor.
- Ubicación respecto a fuentes de calor, chispas o flamas.
- Condiciones del terreno (pendiente, humedad, obstáculos).

Un contenedor deformado, abombado o con fugas visibles **condiciona de inmediato** la decisión de no intervenir. La observación debe documentarse mediante notas y, cuando sea posible, registro fotográfico [2].

4.2 Reconocimiento olfativo controlado

El reconocimiento olfativo puede aportar información preliminar, pero **no debe realizarse de forma directa**. No se debe acercar el rostro al contenedor ni inhalar de manera intencional.

Olores intensos, penetrantes o atípicos pueden indicar:

- Alta volatilidad.
- Presencia de alcoholes o solventes.
- Mezclas no estandarizadas.

El olor **no permite identificar el producto**, pero sí **anticipar el riesgo**. Un olor excesivamente fuerte es un indicador para **detener la intervención** y reevaluar las condiciones [3].

4.3 Ambientes abiertos vs ambientes cerrados

El tipo de ambiente modifica de forma sustancial el riesgo asociado:

- **Ambientes abiertos**: permiten mayor dispersión de vapores, pero no eliminan el riesgo, especialmente en condiciones de calma atmosférica.
- **Ambientes cerrados**: favorecen la acumulación de vapores, incrementando el riesgo de ignición y explosión.

En espacios cerrados, la intervención solo debe considerarse cuando existan condiciones de ventilación adecuadas y controladas. En caso contrario, la **no intervención** es la decisión técnica correcta [1,4].

4.4 Vapores, presión y comportamiento del contenedor

La presencia de vapores visibles, sonido de liberación de gases o tapas rígidas son indicadores de **presión interna**. Estos signos sugieren:

- Expansión térmica del líquido.
- Presencia de fracciones ligeras.
- Riesgo de liberación súbita de vapores.

Bajo estas condiciones, **no se debe abrir ni manipular el contenedor**. Cualquier medición o muestreo incrementa el riesgo de ignición o derrame [2].

4.5 Criterios técnicos para NO intervenir

La decisión de no intervenir debe basarse en criterios claros y documentables. Entre los principales se encuentran:

- Derrame activo o incontrolable.
- Alta concentración de vapores.
- Contenedores presurizados o inestables.
- Falta de equipo de protección adecuado.
- Condiciones ambientales adversas (calor extremo, poca visibilidad).

La **no intervención**, cuando se fundamenta técnicamente, **no constituye omisión**, sino una actuación profesional responsable [3].

4.6 Registro pericial de la decisión

Toda decisión, ya sea intervenir o no, debe quedar documentada. El registro pericial debe incluir:

- Condiciones observadas en el sitio.
- Riesgos identificados.
- Decisión adoptada.
- Justificación técnica de la decisión.

Este registro protege al perito y fortalece el dictamen, al demostrar que las acciones —o la falta de ellas— se basaron en criterios técnicos y no en improvisación [1].

Conclusiones del capítulo

La evaluación inicial del sitio es la base de toda actuación pericial en eventos relacionados con hidrocarburos. Medir volumen o tomar muestras sin una evaluación previa del riesgo compromete tanto la seguridad como la validez del dictamen.

Decidir no intervenir, cuando las condiciones lo exigen, es una decisión técnica legítima que debe documentarse con el mismo rigor que cualquier otra actuación pericial.

Referencias

1. **NFPA 30**. *Flammable and Combustible Liquids Code*. National Fire Protection Association.
2. **NOM-005-STPS-1998**. Condiciones de seguridad e higiene para el manejo, transporte y almacenamiento de sustancias químicas peligrosas.
3. **NIOSH Pocket Guide to Chemical Hazards**. National Institute for Occupational Safety and Health.
4. **API Recommended Practice 2003**. Protection Against Ignitions Arising Out of Static, Lightning, and Stray Currents. American Petroleum Institute.

Capítulo 5 Inflamabilidad, explosividad y volumen

En los eventos relacionados con hidrocarburos, la evaluación del riesgo no puede separarse del **volumen involucrado**. Inflamabilidad y explosividad no son conceptos abstractos: dependen directamente de la cantidad de material, de su superficie expuesta y de su capacidad para generar vapores. Un volumen pequeño puede representar un riesgo controlable; un volumen grande, bajo las mismas condiciones, puede convertirse en un escenario crítico. Comprender esta relación es indispensable para decidir **si se interviene**, **cómo se interviene** y **hasta dónde se interviene** [1,2].

5.1 Inflamable vs explosivo: diferencia aplicada

Desde el punto de vista técnico:

- Un **líquido inflamable** es aquel capaz de generar vapores que pueden encenderse en presencia de una fuente de ignición.
- Un **evento explosivo** ocurre cuando existe una mezcla vapor–aire dentro de límites específicos y se produce una ignición súbita, generalmente en un espacio confinado.

La mayoría de los hidrocarburos líquidos **no son explosivos por sí mismos**, pero **pueden generar atmósferas explosivas** cuando el volumen, la volatilidad y el confinamiento lo permiten [2].

Esta distinción es clave para el dictamen: no se debe afirmar que "el líquido es explosivo", sino que **puede generar condiciones explosivas** bajo determinadas circunstancias.

5.2 Gasolina, diésel y mezclas: comportamiento frente al volumen

El comportamiento del material frente al volumen varía de forma significativa según el producto:

- **Gasolina**: alta volatilidad, rápida generación de vapores, bajo punto de inflamación. A mayor volumen, mayor superficie libre y mayor riesgo.
- **Diésel**: menor volatilidad, mayor punto de inflamación, pero riesgo persistente en grandes volúmenes.
- **Mezclas con alcoholes o solventes**: comportamiento impredecible; pueden incrementar la volatilidad y la presión de vapor.

En todos los casos, el aumento del volumen **incrementa la probabilidad de generar atmósferas inflamables**, incluso cuando el producto individualmente parece "estable" [1,3].

5.3 Superficie libre, vapores y volumen

No todo el volumen contribuye de igual forma al riesgo. La **superficie libre del líquido** es un factor determinante:

- Contenedores abiertos o parcialmente abiertos generan mayor liberación de vapores.
- Derrames aumentan drásticamente la superficie de contacto con el aire.
- Grandes volúmenes en contenedores poco profundos pueden ser más peligrosos que volúmenes similares en recipientes cerrados.

Por ello, la evaluación del riesgo debe considerar **volumen + geometría del contenedor**, no solo la cantidad total de líquido [2].

5.4 Influencia del volumen en la toma de decisiones periciales

El volumen influye directamente en decisiones clave:

- A mayor volumen, mayor necesidad de limitar la manipulación.
- Volúmenes grandes reducen la viabilidad de mediciones directas.
- En grandes volúmenes, la toma de muestras aporta información, pero incrementa el riesgo.

En dictamen, debe quedar claro que la decisión de **no muestrear o no medir directamente** puede estar sustentada únicamente en el volumen involucrado y el riesgo asociado [4].

5.5 Errores comunes en la evaluación del riesgo

Entre los errores más frecuentes se encuentran:

- Asumir que un producto "no es peligroso" por su apariencia.
- Subestimar el riesgo en ambientes abiertos.
- Ignorar la influencia de la temperatura ambiental.
- Manipular grandes volúmenes por rutina.

Estos errores no solo comprometen la seguridad, sino que debilitan la validez del dictamen al evidenciar falta de criterio técnico [1,3].

Conclusiones del capítulo

La inflamabilidad y la explosividad en eventos relacionados con hidrocarburos **no dependen únicamente del tipo de producto**, sino del volumen, la superficie libre, la geometría del contenedor y las condiciones ambientales.

El perito químico debe evaluar estos factores de forma conjunta y documentar cómo el volumen condicionó sus decisiones técnicas. Hacerlo no limita la actuación pericial; la fortalece.

Referencias

1. **NFPA 30.** *Flammable and Combustible Liquids Code.* National Fire Protection Association.
2. **API Recommended Practice 2003**. Protection Against Ignitions Arising Out of Static, Lightning, and Stray Currents. American Petroleum Institute.
3. **NIOSH Pocket Guide to Chemical Hazards**. National Institute for Occupational Safety and Health.
4. **NOM-005-STPS-1998**. Condiciones de seguridad e higiene para el manejo, transporte y almacenamiento de sustancias químicas peligrosas.

Capítulo 6 Seguridad del perito químico durante la medición

La determinación del volumen en eventos relacionados con hidrocarburos **no es prioritaria frente a la seguridad**. Ningún dato técnico justifica la exposición del perito a riesgos evitables. Este capítulo establece los criterios mínimos de seguridad que deben cumplirse **antes y durante** cualquier medición, y fija con claridad cuándo la intervención debe suspenderse.

La seguridad no es un requisito administrativo; es una **condición técnica** que valida o invalida la actuación pericial [1,2].

6.1 Principio rector de seguridad

El principio rector es simple y operativo:
si no existen condiciones seguras, no se mide.

La presión operativa, la urgencia del procedimiento o la expectativa de resultados **no sustituyen** la evaluación técnica del riesgo. El perito químico es responsable de reconocer los límites de intervención y documentarlos [1].

6.2 Ropa de algodón vs fibras sintéticas

Durante la medición de hidrocarburos, la ropa utilizada **sí importa**. Las fibras sintéticas pueden:

- Generar electricidad estática.
- Fundirse en caso de ignición.
- Incrementar la gravedad de lesiones térmicas.

La ropa de algodón:

- Disipa mejor la carga electrostática.
- No se funde al contacto con flama.
- Reduce el daño térmico en caso de incidente.

Por ello, se recomienda el uso de **ropa de algodón** o materiales certificados para atmósferas con riesgo de inflamabilidad [2,3].

6.3 Uso de overoles: cuándo sí y cuándo no

El uso de overoles debe evaluarse según el contexto:

- **Se recomienda** cuando existe riesgo de salpicadura o contacto accidental.
- **No se recomienda** cuando limita la movilidad, la ventilación o la percepción del entorno.

Un overol mal seleccionado puede **incrementar el riesgo**, especialmente en ambientes calurosos o confinados. La protección debe ser **funcional**, no simbólica [3].

6.4 Calzado: antideslizante y dieléctrico

El calzado es un elemento crítico durante la medición de volumen:

- Superficies contaminadas con hidrocarburos son altamente resbalosas.
- El riesgo de caída aumenta en presencia de derrames.
- La acumulación de carga electrostática puede generar chispas.

Se recomienda el uso de **calzado antideslizante**, preferentemente con propiedades dieléctricas, que reduzca tanto el riesgo de caída como de ignición por descarga electrostática [2].

6.5 Guantes compatibles con hidrocarburos

No todos los guantes ofrecen protección adecuada frente a hidrocarburos. Algunos materiales se degradan rápidamente, perdiendo su función protectora.

Los guantes deben:

- Ser compatibles con hidrocarburos líquidos.
- Permitir destreza suficiente para medición.
- Evitar la absorción del producto.

El uso de guantes inadecuados **no protege** y puede generar una falsa sensación de seguridad [1,4].

6.6 Electricidad estática y riesgo de ignición

La electricidad estática es una de las principales fuentes de ignición en el manejo de líquidos inflamables. Puede generarse por:

- Movimiento del líquido durante la medición.

- Fricción entre ropa y superficies.
- Uso de herramientas no conductivas sin control.

El perito debe minimizar acciones que favorezcan la acumulación de carga y evitar cualquier manipulación innecesaria del material. La ausencia de flama visible **no elimina el riesgo de ignición** [2].

6.7 Iluminación, equipos y dispositivos personales

Durante la medición:

- No deben utilizarse lámparas no certificadas.
- Debe evitarse el uso de teléfonos móviles en proximidad al material.
- Cualquier equipo eléctrico debe evaluarse previamente.

La iluminación debe ser suficiente para trabajar con seguridad, pero **no debe introducir nuevas fuentes de riesgo** [3].

6.8 Criterios técnicos para suspender la medición

La medición debe suspenderse inmediatamente cuando:

- Se detecta incremento de vapores.
- Aparecen signos de presión interna.
- Se produce derrame durante la intervención.
- Las condiciones ambientales cambian de forma adversa.
- El perito considera que el riesgo ha aumentado.

La suspensión de la medición debe documentarse como **decisión técnica fundada**, no como falla operativa [1].

Conclusiones del capítulo

La seguridad del perito químico es un elemento inseparable de la determinación del volumen. Medir sin condiciones seguras no solo pone en riesgo la integridad física, sino que **invalida el valor técnico del resultado**.

Un perito que suspende una medición por razones de seguridad actúa conforme a criterio técnico y fortalece, no debilita, su dictamen.

Referencias

1. **NOM-005-STPS-1998**. Condiciones de seguridad e higiene para el manejo, transporte y almacenamiento de sustancias químicas peligrosas.
2. **NFPA 30**. *Flammable and Combustible Liquids Code*. National Fire Protection Association.
3. **API Recommended Practice 2003**. Protection Against Ignitions Arising Out of Static, Lightning, and Stray Currents. American Petroleum Institute.
4. **NIOSH Pocket Guide to Chemical Hazards**. National Institute for Occupational Safety and Health.

Capítulo 7 Tipos de contenedores y riesgos asociados

La determinación del volumen no depende únicamente del producto, sino del **contenedor que lo aloja**. En la práctica pericial, el tipo de contenedor condiciona la **viabilidad de la medición**, el **margen de error**, el **riesgo físico** y la **forma correcta de documentar el resultado**.

Asumir que todos los contenedores permiten el mismo nivel de precisión es un error recurrente. Este capítulo describe los contenedores más comunes en eventos relacionados con hidrocarburos y los riesgos específicos que cada uno introduce en la determinación del volumen [1,2].

7.1 Cubetas y bidones

Las cubetas y bidones son contenedores frecuentes en almacenamiento improvisado y trasiego clandestino. Sus principales características periciales son:

- Capacidades relativamente pequeñas.
- Formas generalmente regulares.
- Frecuente reutilización y deterioro.

Implicaciones para el volumen:

- Permiten mediciones directas cuando están íntegros.
- La deformación por uso previo introduce error volumétrico.
- La ausencia de marcas confiables obliga a estimar el volumen real.

Riesgos asociados:

- Derrames durante la manipulación.
- Generación rápida de vapores al abrir el contenedor.
- Falsas capacidades nominales.

En dictamen debe aclararse cuando el volumen corresponde a una **estimación basada en dimensiones externas**, no a una capacidad certificada [2].

7.2 Tambos metálicos y plásticos

Los tambos, comúnmente de 200 L, son ampliamente utilizados en almacenamiento ilícito. Sin embargo, presentan variaciones importantes:

- Tambos metálicos deformados por presión o corrosión.

- Tambos plásticos con paredes flexibles.
- Tapas no originales o mal selladas.

Implicaciones para el volumen:

- El volumen nominal rara vez coincide con el volumen útil real.
- La deformación altera la geometría del recipiente.
- El nivel del líquido puede ser difícil de observar.

Riesgos asociados:

- Presión interna.
- Fugas no evidentes.
- Colapso estructural al moverlos.

La medición directa solo es válida cuando el tambo se encuentra estructuralmente íntegro; en caso contrario, procede la **estimación técnica documentada** [1,3].

7.3 Cubitanes / IBC (Intermediate Bulk Container)

Los contenedores tipo IBC o "cubitán" son frecuentes en trasiego de grandes volúmenes. Suelen consistir en un tanque plástico contenido en una jaula metálica.

Implicaciones para el volumen:

- Forma regular que permite estimaciones geométricas.
- Presencia de válvulas inferiores que no deben manipularse.
- Dificultad para observar niveles exactos si el plástico está opaco.

Riesgos asociados:

- Descarga súbita por válvulas defectuosas.
- Deformación del tanque interno.
- Acumulación de carga electrostática.

La determinación del volumen debe realizarse **sin accionar válvulas**, utilizando mediciones externas o marcas visibles, documentando cualquier limitación [2].

7.4 Cisternas fijas

Las cisternas fijas presentan un escenario distinto:

- Volúmenes grandes.
- Geometría variable (cilíndricas, rectangulares).

- Accesos limitados.

Implicaciones para el volumen:

- La medición directa suele ser inviable.
- Se requiere cálculo geométrico o tablas de calibración.
- El margen de error aumenta si no se cuenta con planos o referencias confiables.

Riesgos asociados:

- Espacios confinados.
- Acumulación de vapores.
- Dificultad para evacuar en caso de incidente.

En cisternas fijas, la **estimación técnica** es generalmente el método más seguro y defendible [1,4].

7.5 Pipas y autotanques

Las pipas y autotanques representan uno de los escenarios de mayor riesgo y complejidad pericial:

- Volúmenes muy grandes.
- Geometría cilíndrica horizontal.
- Posible compartimentación interna.

Implicaciones para el volumen:

- Requieren fórmulas específicas para cilindros horizontales.
- El nivel del líquido no se correlaciona linealmente con el volumen.
- La inclinación del vehículo introduce error adicional.

Riesgos asociados:

- Liberación de vapores.
- Movimiento del vehículo.
- Presión interna.

La medición debe realizarse **sin apertura de registros** y considerando la posición del vehículo. En muchos casos, la estimación basada en dimensiones y niveles es la única opción segura [2,4].

7.6 Contenedores que invalidan la medición

Existen situaciones en las que el contenedor **invalida cualquier intento de medición confiable**, entre ellas:

- Contenedores colapsados o severamente deformados.
- Recipientes sin forma definida.
- Sistemas improvisados con múltiples conexiones.
- Derrames generalizados.

En estos casos, el perito debe documentar que **no es posible determinar el volumen con confiabilidad**, y explicar las razones técnicas que sustentan dicha conclusión [3].

Conclusiones del capítulo

El tipo de contenedor condiciona de manera directa la forma, precisión y seguridad de la determinación del volumen. No todos los recipientes permiten mediciones directas, y forzar la intervención en contenedores inadecuados incrementa el riesgo y debilita el dictamen.

Reconocer las limitaciones impuestas por el contenedor y optar por estimaciones técnicas documentadas es una actuación profesional y defendible.

Referencias

1. **API Manual of Petroleum Measurement Standards (MPMS)**. American Petroleum Institute.
2. **NFPA 30**. *Flammable and Combustible Liquids Code*. National Fire Protection Association.
3. **NOM-005-STPS-1998**. Condiciones de seguridad e higiene para el manejo, transporte y almacenamiento de sustancias químicas peligrosas.
4. **NIOSH Pocket Guide to Chemical Hazards**. National Institute for Occupational Safety and Health.

Capítulo 8 Tipos de volumen en la práctica pericial

En la práctica pericial relacionada con hidrocarburos, el término "volumen" se utiliza de forma imprecisa y, en muchos casos, incorrecta. Esta ambigüedad genera dictámenes confusos, comparaciones inválidas y conclusiones que no resisten un análisis técnico riguroso.

El volumen **no es un valor único ni absoluto**. Existen distintos tipos de volumen, cada uno determinado bajo condiciones específicas. El perito químico tiene la obligación de **precisar qué volumen está determinando**, bajo qué condiciones y con qué limitaciones [1].

8.1 Volumen observado

El **volumen observado** es el volumen que presenta el líquido **en el momento de la diligencia**, bajo las condiciones reales del sitio.

Características:

- Depende de la temperatura ambiental.
- Depende de la forma y posición del contenedor.
- Puede variar a lo largo del día.

Este es el **único volumen que el perito puede afirmar con certeza directa en campo**. Cualquier otro tipo de volumen es una corrección o una estimación derivada [2].

En dictamen, el volumen observado debe registrarse siempre como tal, evitando términos ambiguos como "volumen real" o "volumen exacto".

8.2 Volumen nominal

El **volumen nominal** corresponde a la capacidad teórica del contenedor, según su diseño o especificación comercial.

Ejemplos:

- Cubeta de 20 L.
- Tambo de 200 L.
- Cubitán de 1,000 L.
- Pipa de 20,000 L.

Este volumen:

- **No garantiza** que el contenedor esté lleno.

- **No considera deformaciones**, pérdidas o modificaciones.
- **No sustituye** una medición pericial.

Utilizar el volumen nominal como volumen asegurado **sin verificación** constituye un error técnico [1,3].

8.3 Volumen útil

El **volumen útil** es el volumen máximo que un contenedor puede albergar **de manera operativa**, considerando:

- Espacios libres.
- Nivel máximo seguro.
- Expansión térmica.

En contenedores improvisados o reutilizados, el volumen útil **suele ser menor** al nominal. Este concepto es relevante para explicar por qué un contenedor "no puede" estar completamente lleno sin representar un riesgo [2].

8.4 Volumen estimado

El **volumen estimado** se obtiene mediante cálculos geométricos, relaciones dimensionales o aproximaciones visuales, cuando la medición directa no es viable.

Se utiliza cuando:

- El contenedor no permite acceso seguro.
- Existen riesgos de ignición.
- El volumen es demasiado grande.

El volumen estimado **debe acompañarse siempre** de:

- Método utilizado.
- Suposiciones realizadas.
- Margen de error aproximado.

Un volumen estimado bien documentado es **técnicamente válido y defendible** [3].

8.5 Volumen corregido por temperatura

Los hidrocarburos se expanden o contraen con la temperatura. El **volumen corregido** intenta ajustar el volumen observado a una temperatura de referencia (comúnmente 15 °C o 20 °C).

Limitaciones clave:

- Requiere conocer el tipo de producto.
- Requiere coeficientes específicos.
- **No es aplicable** a mezclas clandestinas no caracterizadas.

Aplicar correcciones de temperatura sin conocer la composición del producto **introduce más error del que corrige** [1,4].

Por ello, en contextos ilícitos, el volumen corregido **debe manejarse con extrema cautela** o evitarse explícitamente.

8.6 Volumen comercial vs volumen pericial

El **volumen comercial** es el utilizado en transacciones económicas y regulado por normas metrológicas (por ejemplo, PROFECO).

El **volumen pericial**:

- Tiene fines legales, no comerciales.
- Se determina bajo condiciones de riesgo.
- Puede incluir estimaciones e incertidumbre.

Confundir ambos conceptos es uno de los errores más graves en dictámenes relacionados con hidrocarburos [5].

Conclusiones del capítulo

El volumen en la práctica pericial no es un dato único ni absoluto. Existen distintos tipos de volumen, cada uno con un significado técnico específico. El perito químico debe precisar **qué volumen determina**, **cómo lo determina** y **qué limitaciones existen**.

La claridad conceptual en torno al volumen fortalece el dictamen y evita interpretaciones erróneas posteriores.

Referencias

1. **API Manual of Petroleum Measurement Standards (MPMS)**. American Petroleum Institute.
2. **NFPA 30**. *Flammable and Combustible Liquids Code*. National Fire Protection Association.

3. **ASTM D4057 / D1298**. Standard Test Methods for Density of Petroleum Products. ASTM International.
4. **API MPMS Chapter 11**. Temperature and Pressure Volume Correction Factors.
5. **Ley Federal de Protección al Consumidor** y disposiciones metrológicas aplicables. PROFECO.

Capítulo 9 Métodos de determinación del volumen en campo

La determinación del volumen en campo no es un ejercicio teórico ni de laboratorio. Se realiza bajo **condiciones no controladas**, con riesgos reales y limitaciones físicas. Por ello, el método elegido debe ser **proporcional al escenario**, priorizando la seguridad y la razonabilidad técnica sobre la exactitud absoluta.

El perito químico **no está obligado a utilizar el método más preciso**, sino el **más adecuado** dadas las condiciones observadas [1].

9.1 Medición directa del volumen

La medición directa consiste en cuantificar el volumen mediante instrumentos graduados o recipientes de capacidad conocida.

Aplicable cuando:

- El contenedor es pequeño.
- El líquido es accesible sin riesgo.
- No hay presión interna ni vapores excesivos.

Limitaciones:

- Incrementa la exposición del perito.
- Favorece la evaporación de fracciones ligeras.
- Introduce error por derrames o pérdidas.

En contextos ilícitos, la medición directa debe considerarse **la excepción**, no la regla [2].

9.2 Determinación por conteo de recipientes

Este método se basa en el número de recipientes y su capacidad estimada.

Ejemplo:

- 15 bidones de aproximadamente 50 L.

Ventajas:

- Rápido.
- Menor manipulación.
- Riesgo reducido.

Limitaciones:

- La capacidad real puede diferir del valor nominal.
- Deformaciones y llenados parciales generan incertidumbre.

El dictamen debe expresar claramente que se trata de un **volumen estimado por conteo**, no medido directamente [1].

9.3 Cálculo geométrico del volumen

Se utiliza cuando el contenedor tiene forma regular y la medición directa no es viable.

9.3.1 Contenedores cilíndricos verticales

Fórmula:

$$V = \pi r^2 h$$

Donde:

- r = radio interno del contenedor
- h = altura del líquido

Errores comunes:

- Usar dimensiones externas.
- No corregir deformaciones.
- Ignorar inclinaciones del recipiente.

9.3.2 Contenedores cilíndricos horizontales (pipas)

El volumen **no es lineal** respecto al nivel del líquido. Se debe utilizar la ecuación del segmento circular o tablas de calibración.

Fórmula general:

$$V - L\left[r^2 \cos^{-1}\left(\frac{r-h}{r}\right) - (r-h)\sqrt{2rh-h^2}\right]$$

Donde:

- L = longitud del cilindro
- r = radio
- h = altura del líquido

Este método **no debe improvisarse**. Si no se cuenta con dimensiones confiables, procede la estimación con advertencia explícita [1,3].

9.4 Uso de marcas visuales y niveles

En cubitanques y cisternas translúcidas pueden utilizarse marcas visibles.

Ventajas:

- No requiere manipulación.
- Reduce riesgo.

Limitaciones:

- Marcas no calibradas.
- Distorsión visual.
- Opacidad parcial del material.

El uso de marcas debe documentarse como **referencia visual**, no como medición certificada [2].

9.5 Influencia de la temperatura en la medición

La temperatura afecta directamente el volumen observado. En campo:

- El volumen **aumenta** con el calor.
- El volumen **disminuye** con el frío.

En mediciones periciales:

- La temperatura se registra.
- **No siempre se corrige** el volumen.
- La corrección solo es válida si se conoce el producto.

Aplicar correcciones sin conocer la composición del material **no es técnicamente justificable** [3].

9.6 Error, incertidumbre y margen aceptable

Todo método tiene error. El perito debe reconocerlo y documentarlo.

Factores que introducen error:

- Deformación del contenedor.
- Lectura visual.

- Inclinación del terreno.
- Pérdida por evaporación.

El dictamen debe expresar:

- Tipo de método utilizado.
- Nivel de aproximación.
- Limitaciones del resultado.

La ausencia de incertidumbre explícita **debilita** el dictamen [4].

Conclusiones del capítulo

No existe un método universal para determinar el volumen en campo. Cada escenario exige un enfoque distinto, basado en seguridad, geometría y razonabilidad técnica.

El perito químico fortalece su dictamen cuando **explica cómo midió**, **por qué eligió ese método** y **qué limitaciones tuvo**, en lugar de presentar cifras aparentes sin contexto.

Referencias

1. **API Manual of Petroleum Measurement Standards (MPMS)**. American Petroleum Institute.
2. **NFPA 30**. *Flammable and Combustible Liquids Code*. National Fire Protection Association.
3. **API MPMS Chapter 11**. Temperature and Pressure Volume Correction Factors.
4. **ASTM E29**. Standard Practice for Using Significant Digits in Test Data. ASTM International.

Capítulo 10 Muestreo pericial de hidrocarburos: cuándo sí y cuándo no

El muestreo pericial de hidrocarburos **no es obligatorio ni automático**. En muchos escenarios ilícitos, tomar una muestra **incrementa el riesgo, no mejora la determinación del volumen** y **no aporta información decisiva** para el objeto pericial.

El muestreo es una **herramienta técnica**, no un requisito formal. Su ejecución debe estar sustentada en criterios de seguridad, pertinencia y utilidad probatoria [1].

10.1 Finalidad real del muestreo pericial

El muestreo tiene como objetivo:

- Apoyar la **identificación del tipo de producto**.
- Confirmar la presencia de **mezclas o adulterantes**.
- Respaldar técnicamente la clasificación del material.

El muestreo **no tiene como finalidad**:

- Determinar el volumen.
- Validar cantidades comerciales.
- Sustituir la evaluación pericial en campo.

Tomar muestras sin una finalidad clara genera evidencia innecesaria y expone al perito a riesgos evitables [2].

10.2 Criterios técnicos para decidir SÍ muestrear

El muestreo puede considerarse cuando:

- El volumen es moderado y estable.
- El contenedor permite acceso seguro.
- No hay presión interna ni vapores excesivos.
- El producto aparenta ser homogéneo.
- Se cuenta con equipo de protección adecuado.

En estos casos, el muestreo aporta información útil para la **caracterización del material**, siempre que se documente correctamente el contexto [1,3].

10.3 Criterios técnicos para decidir NO muestrear

La decisión de no muestrear es técnica y plenamente válida cuando:

- Existen grandes volúmenes.
- Se detecta alta volatilidad.
- El contenedor está presurizado.
- Hay mezclas de composición desconocida.
- El acceso al material implica riesgo.

En estos escenarios, el dictamen debe dejar constancia expresa de que el muestreo **no fue realizado por razones de seguridad**, lo cual fortalece la actuación pericial [2].

10.4 Número de muestras: autoridad, laboratorio y referencia

Cuando el muestreo es viable, debe definirse con claridad el destino de cada muestra:

- **Muestra para autoridad**: respaldo de cadena de custodia.
- **Muestra para laboratorio**: análisis pericial.
- **Muestra de referencia** (cuando proceda): contraste técnico.

El número de muestras debe ser **el mínimo necesario**. La toma excesiva de muestras **no incrementa la validez** del dictamen y sí incrementa el riesgo [3].

10.5 Volumen de muestra y contenedores

El volumen de muestra debe ser suficiente para análisis, pero **no excesivo**.

Buenas prácticas:

- Evitar llenar completamente el frasco.
- Dejar espacio para expansión térmica.
- Utilizar recipientes compatibles con hidrocarburos.
- Cerrar herméticamente sin sobrepresión.

Un frasco sobrellenado puede romperse o generar presión interna peligrosa [1].

10.6 Muestreo en pipas, cisternas y grandes volúmenes

En grandes volúmenes, el muestreo presenta limitaciones adicionales:

- Estratificación del producto.
- Accesos limitados.
- Riesgo elevado de ignición.

En pipas y cisternas, el muestreo **no siempre es representativo** y puede inducir conclusiones erróneas. En estos casos, la **no toma de muestra** es una decisión técnicamente defendible [2,4].

10.7 Registro pericial del muestreo

Cuando se muestrea, el registro debe incluir:

- Fecha y hora.
- Condiciones ambientales.
- Método de muestreo.
- Volumen aproximado de la muestra.
- Justificación técnica.

Cuando no se muestrea, el registro debe documentar:

- Riesgos identificados.
- Motivo técnico de la no intervención.

Ambos escenarios deben quedar claramente asentados en el dictamen [1].

Conclusiones del capítulo

El muestreo pericial de hidrocarburos no es un acto rutinario, sino una decisión técnica condicionada por el riesgo, el volumen y la utilidad probatoria. Tomar muestras cuando no es seguro o no es necesario debilita la actuación pericial.

Decidir no muestrear, cuando se justifica técnicamente, es una actuación profesional válida y defendible.

Referencias

1. **API Manual of Petroleum Measurement Standards (MPMS)**. American Petroleum Institute.

2. **NFPA 30**. *Flammable and Combustible Liquids Code*. National Fire Protection Association.
3. **ASTM D4057**. Standard Practice for Manual Sampling of Petroleum and Petroleum Products. ASTM International.
4. **NIOSH Pocket Guide to Chemical Hazards**. National Institute for Occupational Safety and Health.

Capítulo 11 Almacenamiento, conservación y destino de las muestras

Una vez tomada la muestra, el riesgo **no desaparece**. El almacenamiento y la conservación inadecuados pueden generar **incidentes, pérdida de evidencia** o **contaminación cruzada**. En materia de hidrocarburos, conservar una muestra **no siempre es lo más seguro ni lo más necesario**.

Este capítulo establece criterios técnicos para decidir **cómo**, **cuánto tiempo** y **para qué** conservar una muestra, así como cuándo su eliminación controlada es la opción más responsable [1,2].

11.1 Principio de minimización del riesgo

El principio rector es claro:
la muestra debe existir solo el tiempo estrictamente necesario.

A diferencia de otras evidencias, los hidrocarburos son:

- Inflamables.
- Volátiles.
- Químicamente activos.
- Sensibles a la temperatura.

Conservar muestras indefinidamente **incrementa el riesgo** sin aportar valor técnico adicional [2].

11.2 Condiciones de almacenamiento

Cuando la conservación es necesaria, deben cumplirse condiciones mínimas:

- Recipientes compatibles con hidrocarburos.
- Cierre hermético sin sobrepresión.
- Almacenamiento en área ventilada.
- Protección contra calor y luz solar directa.
- Señalización clara del contenido.

El almacenamiento improvisado en oficinas, vehículos o espacios cerrados **no es aceptable** desde el punto de vista técnico [1,3].

11.3 Influencia del tiempo en la estabilidad de la muestra

Con el tiempo, las muestras pueden experimentar:

- Evaporación de fracciones ligeras.
- Cambios en la composición.
- Incremento de presión interna.
- Degradación del recipiente.

Estos cambios afectan la **representatividad** de la muestra y limitan la validez de análisis posteriores. Por ello, los resultados analíticos deben interpretarse considerando el tiempo transcurrido desde la toma de muestra [3].

11.4 Tiempo recomendado de conservación

En términos periciales generales:

- Muestras de gasolina o mezclas volátiles: **conservación corta**.
- Muestras de diésel o productos pesados: **conservación moderada**, bajo control.
- Mezclas clandestinas: **conservación mínima**, solo para análisis inmediato.

No existe un plazo universal. El criterio técnico debe prevalecer sobre la rutina administrativa [2].

11.5 Destino final de las muestras

Una vez cumplida su finalidad pericial, las muestras deben:

- Ser eliminadas de forma controlada.
- Transferirse a la autoridad competente.
- Integrarse a un proceso institucional de manejo de residuos peligrosos.

Conservar muestras "por si acaso" **no es una práctica técnica**, sino una fuente de riesgo [1].

11.6 Documentación del almacenamiento y destino

El dictamen debe dejar constancia de:

- Condiciones de almacenamiento.
- Tiempo de conservación.
- Destino final de la muestra.
- Justificación técnica de la decisión adoptada.

Esta documentación protege al perito y demuestra una actuación responsable [2].

Conclusiones del capítulo

El almacenamiento y la conservación de muestras de hidrocarburos deben regirse por el principio de minimización del riesgo. Conservar una muestra más allá de su utilidad técnica **no fortalece el dictamen** y sí incrementa el peligro.

La eliminación controlada, cuando está justificada, es una decisión técnica válida y defendible.

Referencias

1. **NOM-005-STPS-1998**. Condiciones de seguridad e higiene para el manejo, transporte y almacenamiento de sustancias químicas peligrosas.
2. **NFPA 30**. *Flammable and Combustible Liquids Code*. National Fire Protection Association.
3. **ASTM D4057**. Standard Practice for Manual Sampling of Petroleum and Petroleum Products. ASTM International.

Capítulo 12 Cadena de custodia y documentación pericial del volumen

La determinación del volumen carece de valor probatorio si **no está correctamente documentada**. En materia pericial, el dato técnico no existe por sí solo: existe en la medida en que puede **ser rastreado, explicado y defendido** dentro de la cadena de custodia.
Este capítulo aborda cómo debe documentarse el volumen determinado —o estimado— para que conserve su validez jurídica y técnica desde el sitio hasta la carpeta de investigación [1].

12.1 Volumen como elemento técnico dentro de la cadena de custodia

El volumen **no es un indicio independiente**, sino una **característica técnica del indicio**. Por ello:

- No se "embala" el volumen.
- No se "resguarda" el volumen.
- Se **documenta** el volumen.

El error frecuente es tratar el volumen como si fuera una evidencia física. En realidad, es un **resultado pericial** que debe quedar asociado al objeto asegurado y a las condiciones de su determinación [2].

12.2 Registro inicial del volumen en el sitio

El primer registro del volumen debe incluir, como mínimo:

- Fecha y hora de la diligencia.
- Ubicación exacta.
- Tipo de contenedor.
- Tipo de volumen determinado (observado, estimado, nominal).
- Método utilizado.
- Condiciones ambientales relevantes.

Este registro inicial es crítico, ya que cualquier modificación posterior del contenedor o del material **no invalida** el volumen determinado, siempre que el contexto quede claramente asentado [1].

12.3 Relación entre volumen y embalaje

Cuando el contenedor se traslada, deben documentarse:

- Condiciones de sellado.
- Cambios visibles.
- Posibles pérdidas o derrames.

El volumen determinado **no se actualiza automáticamente** por el traslado. El dictamen debe dejar claro que el volumen corresponde al momento de la diligencia y no a etapas posteriores [3].

12.4 Fotografías, croquis y soportes documentales

El soporte visual fortalece la documentación del volumen:

- Fotografías del contenedor completo.
- Detalles de niveles o marcas.
- Croquis con dimensiones y referencias.
- Notas de campo.

Las imágenes **no sustituyen** la explicación técnica, pero permiten contextualizar el método utilizado y las limitaciones observadas [2].

12.5 Errores documentales que debilitan el dictamen

Entre los errores más comunes se encuentran:

- No especificar el tipo de volumen.
- Omitir el método de cálculo.
- Usar términos ambiguos ("aproximadamente", "más o menos").
- No registrar condiciones ambientales.
- Contradicciones entre texto y anexos.

Estos errores no son menores: **son puntos de ataque directos en juicio** [1].

12.6 Redacción pericial del volumen

La redacción debe ser:

- Clara.
- Técnica.

- No categórica cuando no procede.

Ejemplo correcto:

"El volumen observado fue estimado en aproximadamente ___ litros, determinado mediante cálculo geométrico, bajo condiciones ambientales de ___ °C, considerando las limitaciones propias del contenedor."

Ejemplo incorrecto:

"Se determinó un volumen exacto de ___ litros."

La precisión conceptual **protege al perito** [3].

12.7 Integración del volumen al dictamen final

El volumen debe integrarse al dictamen como:

- Resultado técnico.
- Condicionado a su método.
- Vinculado a su contexto.

Nunca debe presentarse como un valor absoluto desligado de las condiciones reales de la diligencia [2].

Conclusiones del capítulo

La cadena de custodia no solo protege la evidencia física, también protege la **validez del dato técnico**. Un volumen bien determinado pero mal documentado pierde fuerza probatoria. El perito químico fortalece su actuación cuando documenta el volumen con el mismo rigor que cualquier otro elemento pericial.

Referencias

1. **Código Nacional de Procedimientos Penales**. Cámara de Diputados del H. Congreso de la Unión, México.
2. **Guía Nacional de Cadena de Custodia**. Secretaría de Seguridad y Protección Ciudadana, México.
3. **Manual de redacción de dictámenes periciales**. Fiscalía General de la República, México.

Capítulo 13 Horarios, condiciones ambientales y su impacto en el volumen

La determinación del volumen en campo **no ocurre en condiciones ideales**. Hora del día, temperatura ambiente, radiación solar, viento y humedad influyen de manera directa en el comportamiento de los hidrocarburos y, por lo tanto, en el volumen observado.
Ignorar estos factores o no documentarlos es uno de los errores más comunes en dictámenes periciales relacionados con hidrocarburos [1].

13.1 Relación entre temperatura y volumen

Los hidrocarburos líquidos presentan **expansión térmica**: su volumen aumenta con la temperatura y disminuye al enfriarse. En campo, esto implica que:

- El mismo contenedor puede presentar **volúmenes distintos** a lo largo del día.
- Mediciones realizadas al mediodía suelen arrojar volúmenes mayores que las realizadas por la mañana.
- Cambios aparentemente pequeños de temperatura pueden generar variaciones apreciables en grandes volúmenes.

Por ello, el volumen determinado debe entenderse siempre como **volumen observado bajo condiciones específicas**, no como un valor absoluto [2,3].

13.2 Horarios recomendables para la medición

Desde un punto de vista pericial y de seguridad, existen horarios más adecuados para la determinación del volumen:

- **Mañana temprana**:
    - Temperaturas más bajas y estables.
    - Menor volatilidad.
    - Menor presión interna en contenedores.
- **Tarde**:
    - Incremento de temperatura.
    - Mayor generación de vapores.
    - Mayor riesgo de expansión y liberación de gases.

- **Noche**:
  - Temperaturas más bajas, pero
  - Riesgos adicionales por iluminación deficiente y menor visibilidad.

En general, la **mañana** ofrece mejores condiciones para la medición, siempre que existan condiciones adecuadas de visibilidad y seguridad [1,4].

13.3 Radiación solar directa

La exposición directa al sol genera calentamiento del contenedor y del líquido, incluso cuando la temperatura ambiente no es elevada. Esto puede provocar:

- Expansión localizada del líquido.
- Incremento de presión interna.
- Distorsión del volumen observado.

Los contenedores expuestos al sol **no deben medirse sin considerar este factor**, y la condición debe documentarse explícitamente [2].

13.4 Viento y dispersión de vapores

El viento influye en dos sentidos:

- Puede dispersar vapores, reduciendo la concentración local.
- Puede generar una falsa percepción de seguridad.

La ausencia de olor intenso **no garantiza ausencia de riesgo**. En condiciones de viento variable, la evaluación del riesgo debe extremarse [3].

13.5 Humedad y superficies contaminadas

La humedad ambiental y del suelo afecta:

- La estabilidad del perito durante la medición.
- El riesgo de resbalones.
- La adherencia del producto a superficies.

Aunque la humedad no modifica directamente el volumen del líquido, **sí influye en la seguridad** y en la decisión de intervenir [1].

13.6 Registro ambiental en el dictamen

El dictamen debe incluir, como mínimo:

- Hora de la diligencia.
- Temperatura aproximada.
- Condiciones de radiación solar.
- Condiciones de ventilación o viento.
- Observaciones relevantes del entorno.

Este registro no es accesorio: **explica y respalda el volumen determinado** [2].

Conclusiones del capítulo

El volumen determinado en campo es inseparable del momento y de las condiciones ambientales en que se realiza la diligencia. Hora del día, temperatura y entorno influyen directamente en el resultado y en la seguridad del perito.

Documentar estas variables fortalece el dictamen y evita interpretaciones erróneas posteriores.

Referencias

1. **NOM-005-STPS-1998**. Condiciones de seguridad e higiene para el manejo, transporte y almacenamiento de sustancias químicas peligrosas.
2. **API Manual of Petroleum Measurement Standards (MPMS)**. American Petroleum Institute.
3. **NFPA 30**. *Flammable and Combustible Liquids Code.* National Fire Protection Association.
4. **NIOSH Pocket Guide to Chemical Hazards**. National Institute for Occupational Safety and Health.

Capítulo 14 Errores frecuentes y criterios de corrección pericial

En la práctica pericial relacionada con hidrocarburos, los errores **no suelen ser de cálculo**, sino de **criterio técnico** y de **redacción**. Muchos dictámenes fallan no porque el volumen esté mal estimado, sino porque **no se explica cómo y por qué se llegó a ese resultado**.
Este capítulo identifica los errores más frecuentes y establece criterios claros para corregirlos o, cuando no es posible corregirlos, **documentarlos adecuadamente** [1].

14.1 Error: asumir que el volumen es exacto

Uno de los errores más graves es presentar el volumen como un valor exacto, sin reconocer la incertidumbre inherente al trabajo en campo.

Corrección pericial:

- Utilizar términos como *volumen estimado* o *volumen observado*.
- Explicar el método utilizado.
- Reconocer explícitamente las limitaciones del escenario.

Un volumen sin contexto técnico es **indefendible** [2].

14.2 Error: confundir volumen nominal con volumen real

Es frecuente que se utilice la capacidad del contenedor como si fuera el volumen contenido.
Ejemplo incorrecto:
"Se aseguraron 10 tambos de 200 L, por lo que el volumen es de 2,000 L."

Corrección pericial:

- Aclarar que se trata de volumen nominal.
- Verificar nivel de llenado.
- Documentar si el volumen fue estimado por conteo.

La capacidad del contenedor **no equivale automáticamente** al volumen contenido [1].

14.3 Error: aplicar correcciones de temperatura sin sustento

La corrección de volumen por temperatura es válida solo cuando se conoce el producto y su coeficiente de expansión.

Corrección pericial:

- Evitar correcciones automáticas.
- Registrar la temperatura ambiental.
- Justificar por qué no se aplica corrección.

Aplicar tablas estándar a mezclas clandestinas **introduce error técnico** [3].

14.4 Error: no documentar condiciones ambientales

Omitir hora, temperatura o exposición solar deja el volumen sin contexto.

Corrección pericial:

- Registrar siempre condiciones ambientales básicas.
- Relacionar el volumen con dichas condiciones.

Un volumen sin referencia ambiental **queda aislado y vulnerable** [2].

14.5 Error: forzar la medición en condiciones inseguras

Medir a toda costa es un error operativo y pericial.

Corrección pericial:

- Priorizar la seguridad.
- Justificar técnicamente la no medición.
- Documentar riesgos observados.

No medir cuando no es seguro **es una decisión técnica válida** [4].

14.6 Error: omitir la geometría real del contenedor

Especialmente en pipas y cisternas, asumir relaciones lineales genera errores significativos.

Corrección pericial:

- Utilizar fórmulas adecuadas o tablas.
- Reconocer cuando no se cuenta con dimensiones confiables.
- Optar por estimación documentada.

Una fórmula mal aplicada es peor que una estimación honesta [1].

14.7 Error: lenguaje ambiguo o coloquial

Expresiones como "aproximadamente", "más o menos" o "se calculó a ojo" debilitan el dictamen.

Corrección pericial:

- Usar lenguaje técnico.
- Explicar el método.
- Evitar adjetivos innecesarios.

La claridad técnica protege al perito [2].

14.8 Error: no diferenciar volumen pericial y volumen comercial

Confundir ambos conceptos genera expectativas incorrectas.

Corrección pericial:

- Aclarar el alcance del dictamen.
- Señalar que no se trata de medición comercial.
- Delimitar competencias frente a PROFECO.

El perito químico **no certifica litros comerciales** [5].

Conclusiones del capítulo

La mayoría de los errores periciales en la determinación del volumen **son evitables**. Reconocer las limitaciones del escenario, documentar el método y utilizar un lenguaje técnico claro fortalece el dictamen y reduce su vulnerabilidad jurídica.

Un dictamen honesto, aunque conservador, es siempre más sólido que uno aparentemente preciso pero técnicamente indefendible.

Referencias

1. **API Manual of Petroleum Measurement Standards (MPMS)**. American Petroleum Institute.
2. **Manual de redacción de dictámenes periciales**. Fiscalía General de la República, México.
3. **API MPMS Chapter 11**. Temperature and Pressure Volume Correction Factors.

4. **NOM-005-STPS-1998**. Condiciones de seguridad e higiene para el manejo, transporte y almacenamiento de sustancias químicas peligrosas.
5. **Ley Federal de Protección al Consumidor**. PROFECO, México.

Capítulo 15 Muestreo según el sistema de contención

15.1 Consideraciones generales

La toma de muestra en hechos presuntamente constitutivos de delito relacionados con hidrocarburos **no es un acto automático**, ni debe realizarse de manera rutinaria. Desde el punto de vista pericial, el muestreo constituye una **decisión técnica condicionada** por el tipo de producto, el volumen involucrado, el sistema de contención y, de manera prioritaria, el nivel de riesgo asociado a la intervención [1,2].

El sistema de contención determina aspectos críticos como:

- La **homogeneidad real del producto**.
- La **posible estratificación** por densidad, temperatura o adulteración [3].
- La **presión interna** y acumulación de vapores inflamables.
- La **viabilidad de obtener una muestra representativa** sin comprometer la seguridad del perito.

Por ello, este capítulo establece **criterios periciales diferenciados**, enfatizando que **no todos los contenedores deben muestrearse**, aun cuando contengan hidrocarburos presumiblemente ilícitos, y que la **omisión justificada del muestreo es una decisión técnica válida y defendible** [4].

15.2 Muestreo en cubetas y recipientes menores

Características del sistema

Los recipientes menores, como cubetas, garrafones o bidones de pequeño volumen (generalmente ≤ 20 L), presentan una alta relación superficie-volumen, lo que favorece la evaporación de fracciones ligeras y la contaminación ambiental del producto [1].

Criterio pericial

Debido al volumen reducido, el contenido suele considerarse **homogéneo**, salvo evidencia visible de fases separadas (agua, sedimentos o materiales extraños). En estos casos, **una sola muestra** es técnicamente representativa [2].

Procedimiento recomendado

Antes de la toma, puede realizarse una **agitación manual suave**, únicamente si las condiciones de seguridad lo permiten y sin provocar derrames. La muestra debe tomarse directamente en frasco de vidrio compatible, preferentemente ámbar, con tapa hermética [1,3].

El volumen recomendado de muestra es de **50 a 100 mL**, suficiente para análisis fisicoquímicos y cromatográficos sin incrementar el riesgo innecesariamente [6].

Advertencia técnica

No se recomienda muestrear recipientes **deformados, reblandecidos, con fugas o con evidencia de ataque químico**, ya que el contacto prolongado con el envase puede alterar la composición del producto y comprometer su valor probatorio [3].

15.3 Muestreo en tambos metálicos o plásticos

Características del sistema

Los tambos de 200–220 L representan un sistema de contención intermedio, donde es frecuente encontrar **estratificación por densidad**, presencia de agua en el fondo o mezclas clandestinas de hidrocarburos con solventes [1,4].

Criterio pericial

El muestreo en tambos **no debe ser exhaustivo**. Desde el punto de vista pericial, es suficiente un **muestreo puntual y selectivo**, siempre que se cumplan condiciones mínimas de seguridad y estabilidad del recipiente [2].

El muestreo solo se justifica cuando:

- El tambo se encuentra **íntegro y estable**.
- No existe deformación por presión interna.
- La apertura puede realizarse **sin herramientas que generen chispa** [5].

Punto de muestreo

El punto recomendado es la **zona media del volumen**, evitando:

- La superficie libre, donde predominan vapores y fracciones ligeras.
- El fondo, donde suelen acumularse sedimentos o agua [1,3].

Número de muestras

Cuando varios tambos presentan **características equivalentes**, no es necesario muestrear todos. Un tambo representativo por lote homogéneo es suficiente desde el punto de vista técnico-pericial [2].

15.4 Muestreo en cubitanes o IBC

Características del sistema

Los cubitanes (IBC) suelen contener aproximadamente 1 000 L y cuentan con válvula inferior, lo que incrementa el riesgo de derrame, ignición o exposición directa del perito al producto [3].

Criterio pericial

El muestreo en este tipo de contenedor **no es obligatorio en todos los casos**. La seguridad del perito prevalece sobre la obtención de la muestra, especialmente cuando el producto puede identificarse por otros medios técnicos [4].

Condiciones mínimas para muestrear

El muestreo solo debe considerarse cuando:

- El cubitán está estable y sin signos de sobrepresión.
- Existe identificación preliminar del producto.
- Se cuenta con acceso seguro al puerto superior [1].

Procedimiento recomendado

No se recomienda abrir la válvula inferior. En caso de muestreo, debe realizarse desde la parte superior, utilizando un muestreador pasivo o toma mínima controlada. El volumen de muestra debe limitarse a **50–100 mL** [2,3].

15.5 Muestreo en cisternas fijas

Características del sistema

Las cisternas fijas pueden contener desde cientos hasta miles de litros. En estos sistemas es común la **estratificación térmica** y la separación de fases por densidad, especialmente en productos adulterados [1].

Criterio pericial

No se recomienda realizar muestreos múltiples. En muchos casos, **la determinación del volumen y la identificación del producto son suficientes**, sin necesidad de toma de muestra [4].

Estrategia pericial

Si el muestreo resulta estrictamente necesario, se recomienda:

- Un solo punto representativo, o

- Dos puntos (superior y medio) únicamente cuando las condiciones de seguridad lo permitan y exista justificación técnica documentada [2].

Advertencia

Bajo ninguna circunstancia el muestreo debe implicar el **ingreso físico del perito a la cisterna** ni la modificación estructural del sistema [5].

15.6 Muestreo en pipas y autotanques

Características del sistema

Las pipas y autotanques representan sistemas de alto riesgo por su gran volumen, sellado hermético y posible presurización. El potencial de ignición y derrame es elevado [3,5].

Criterio pericial

En la mayoría de los casos, el muestreo **no es recomendable**. Para efectos periciales, el volumen total y la identificación del producto suelen ser suficientes [4].

Casos excepcionales

El muestreo solo se justifica cuando existe:

- Orden expresa de la autoridad competente.
- Condiciones controladas.
- Apoyo de personal especializado [2].

En estos casos, nunca debe muestrearse por válvula inferior y debe documentarse exhaustivamente la decisión [1].

15.7 Muestreo en sistemas con bombas, mangueras o trasiego activo

El muestreo en sistemas activos altera la representatividad del producto y aumenta el riesgo de accidente. Por ello, **debe evitarse mientras exista flujo o trasiego** [1].

En caso de orden expresa, el sistema debe detenerse y permitirse la estabilización del producto antes de cualquier intervención pericial [2].

Nota técnica

Procedimiento pericial recomendado para la toma correcta de muestras**

Todo muestreo debe seguir, como mínimo, los siguientes criterios [1–4]:

1. Evaluar la relación **riesgo–valor probatorio**.

2. Verificar la estabilidad e integridad del contenedor.
3. Utilizar frascos compatibles, limpios y herméticos.
4. Evitar superficie libre y sedimentos.
5. No sobrellenar el frasco (espacio para expansión).
6. Sellar, etiquetar y documentar inmediatamente.
7. Registrar de forma expresa **la razón técnica para tomar o no tomar la muestra**.

Conclusiones del capítulo

El sistema de contención condiciona de manera directa la estrategia de muestreo [1]. No todo volumen debe muestrearse y no toda muestra es técnicamente válida [2]. La seguridad del perito prevalece sobre cualquier presión operativa [5]. Una muestra mal tomada tiene menor valor probatorio que la ausencia de muestra [4]. La decisión técnica correctamente fundamentada y documentada es **plenamente defendible en juicio**.

Referencias

1. ASTM D4057-22. *Standard Practice for Manual Sampling of Petroleum and Petroleum Products.*
2. API MPMS Chapter 8. *Sampling of Petroleum and Petroleum Products.*
3. ISO 3170. *Petroleum liquids — Manual sampling.*
4. NFPA 30. *Flammable and Combustible Liquids Code.*
5. Secretaría de Economía. *Lineamientos de seguridad en el manejo de hidrocarburos.*
6. SWGDRUG. *Recommendations for the Forensic Analysis of Drugs* (criterios generales de muestreo aplicables por analogía pericial).

Capítulo 16 Número de muestras y destino

16.1 Principio pericial del número de muestras

En la investigación de delitos relacionados con hidrocarburos, el **número de muestras** no es un dato arbitrario ni responde a una lógica estadística clásica. Desde el punto de vista pericial, el número de muestras debe ser **el mínimo técnicamente necesario** para cumplir con el objetivo probatorio, sin incrementar de forma injustificada el riesgo, el costo operativo o la complejidad de la cadena de custodia [1,2].

El criterio rector es el siguiente:

Más muestras no implican mayor validez pericial.

Una muestra correctamente seleccionada, representativa y documentada tiene mayor valor probatorio que múltiples muestras mal justificadas [3].

16.2 Relación entre volumen total y número de muestras

El volumen total del hidrocarburo incautado **no determina de manera directa** el número de muestras a tomar. Volúmenes grandes pueden requerir una sola muestra, mientras que volúmenes menores pueden justificar más de una, dependiendo del sistema de contención y la homogeneidad del producto [1].

Desde un enfoque pericial, se reconocen tres escenarios generales:

- **Volúmenes pequeños y homogéneos:** una muestra es suficiente.
- **Volúmenes intermedios con posible variabilidad:** una muestra representativa por sistema homogéneo.
- **Volúmenes grandes o sistemas múltiples:** muestreo selectivo y justificado, no exhaustivo [2,4].

El error frecuente consiste en **asumir que cada contenedor requiere una muestra**, lo cual carece de sustento técnico y complica innecesariamente el proceso pericial [5].

16.3 Número de muestras según el sistema de contención

16.3.1 Cubetas y recipientes menores

En recipientes de pequeño volumen (≤ 20 L), el contenido suele considerarse homogéneo. En estos casos, **una sola muestra por recipiente** es suficiente para fines de identificación del producto [1,2].

No existe justificación técnica para tomar muestras múltiples de un mismo recipiente, salvo evidencia clara de fases separadas o contaminación visible [3].

16.3.2 Tambos metálicos o plásticos

Cuando se trata de tambos de 200–220 L, el criterio pericial indica que **no es necesario muestrear cada tambo**, siempre que estos presenten:

- Misma apariencia externa.
- Mismo tipo de producto.
- Mismas condiciones de almacenamiento [2].

En estos casos, una muestra tomada de un **tambo representativo del lote** es suficiente. Tomar muestras de todos los tambos incrementa el riesgo y no aporta mayor valor probatorio [4].

16.3.3 Cubitanes (IBC)

En cubitanes de aproximadamente 1 000 L, el número de muestras debe limitarse estrictamente. En la mayoría de los casos, **una sola muestra** es suficiente, y en ciertos escenarios el muestreo puede omitirse justificadamente [3,5].

La toma de múltiples muestras en un mismo cubitán carece de sustento técnico y aumenta innecesariamente el riesgo operativo [1].

16.3.4 Cisternas fijas

En cisternas fijas, el número de muestras debe ser **mínimo o incluso nulo**, dependiendo del objetivo pericial. Cuando se autoriza el muestreo, una muestra única representativa suele ser suficiente [2,4].

La toma de múltiples muestras solo se justifica cuando exista evidencia clara de estratificación relevante para el dictamen y las condiciones de seguridad lo permitan [1].

16.3.5 Pipas y autotanques

En pipas y autotanques, el criterio pericial general es **no tomar muestras**. En caso excepcional de muestreo autorizado, **una sola muestra mínima** es suficiente para la identificación del producto [3,5].

La multiplicación de muestras en este tipo de sistemas es una práctica insegura y técnicamente innecesaria [4].

16.4 Número de muestras y objetivo pericial

El número de muestras debe definirse en función del **objetivo del análisis**, no del volumen ni del número de contenedores [1].

Los objetivos periciales más comunes son:

- **Identificación del producto:** una muestra es suficiente.
- **Determinación de adulteración:** una muestra representativa suele ser suficiente.
- **Comparación entre sistemas distintos:** una muestra por sistema claramente diferenciado [2,3].

El error pericial más común es tomar múltiples muestras **sin definir previamente qué se pretende demostrar**, lo que debilita el dictamen en sede judicial [4].

16.5 Destino de las muestras

16.5.1 Muestras para la autoridad ministerial

Una parte de la muestra debe destinarse a la autoridad ministerial como **respaldo probatorio**, debidamente sellada, etiquetada y documentada dentro de la cadena de custodia [6].

El volumen recomendado para este fin es de **30 a 50 mL**, suficiente para eventuales análisis de control o peritajes posteriores [1].

16.5.2 Muestras para el laboratorio de la Fiscalía

El laboratorio pericial de la Fiscalía recibe la muestra destinada al análisis fisicoquímico y cromatográfico. El volumen recomendado es de **50 a 100 mL**, dependiendo del número de pruebas a realizar [2,6].

No existe justificación técnica para enviar volúmenes mayores, ya que incrementan riesgos de evaporación, derrame y almacenamiento [3].

16.5.3 Muestras para PEMEX

Cuando se requiere análisis especializado por parte de PEMEX, se destina una muestra independiente, tomada **del mismo punto y bajo las mismas condiciones**, para garantizar comparabilidad [4].

El volumen suele ser similar al enviado al laboratorio pericial, salvo especificación expresa del laboratorio receptor [1].

16.6 Relación entre número de muestras y cadena de custodia

Cada muestra adicional implica:

- Un registro adicional.
- Un mayor riesgo de ruptura de cadena de custodia.
- Mayor probabilidad de inconsistencias documentales [6].

Desde el punto de vista pericial, **reducir el número de muestras reduce el riesgo jurídico**, siempre que se mantenga la representatividad técnica [2].

16.7 Errores frecuentes en la determinación del número de muestras

Entre los errores más comunes se encuentran:

- Tomar muestras "por costumbre" y no por criterio técnico [3].
- Igualar número de contenedores con número de muestras [4].
- No justificar por escrito por qué se tomaron varias muestras [1].
- No definir el destino específico de cada muestra [6].

Estos errores son **fácilmente explotables en audiencia**, debilitando la credibilidad del dictamen.

Conclusiones del capítulo

El número de muestras debe ser el mínimo técnicamente necesario [1].
El volumen total no determina el número de muestras [2].

Una muestra representativa bien documentada tiene mayor valor probatorio que múltiples muestras innecesarias [3].
Cada muestra adicional incrementa el riesgo operativo y jurídico [6].
La correcta definición del destino de las muestras fortalece la cadena de custodia y el dictamen pericial.

Referencias

1. ASTM D4057-22. *Standard Practice for Manual Sampling of Petroleum and Petroleum Products.*
2. API MPMS Chapter 8. *Sampling of Petroleum and Petroleum Products.*
3. ISO 3170. *Petroleum liquids — Manual sampling.*
4. NFPA 30. *Flammable and Combustible Liquids Code.*
5. Secretaría de Economía. *Lineamientos de seguridad en el manejo de hidrocarburos.*
6. Código Nacional de Procedimientos Penales (CNPP). Cadena de custodia y manejo de indicios.

Capítulo 17 Almacenamiento y desecho de muestras

17.1 Importancia pericial del almacenamiento

Una muestra correctamente tomada puede **perder su valor probatorio** si no se almacena adecuadamente. En delitos relacionados con hidrocarburos, el almacenamiento no es un aspecto logístico secundario, sino una **fase crítica del proceso pericial**, directamente relacionada con la estabilidad del producto, la seguridad y la cadena de custodia [1,2].

El almacenamiento inadecuado puede provocar:

- Pérdida de fracciones volátiles.
- Alteración de la composición original.
- Incremento de presión interna en el recipiente.
- Riesgos de ignición, fuga o exposición [3].

Por ello, el almacenamiento debe entenderse como una **continuación técnica del muestreo**, no como una etapa administrativa.

17.2 Volumen recomendado de muestra para almacenamiento

El volumen de muestra influye directamente en su estabilidad. Desde el punto de vista pericial, **volúmenes excesivos no aportan mayor valor analítico** y sí incrementan los riesgos asociados [1].

De manera general, se recomiendan los siguientes volúmenes:

- **30–50 mL**: respaldo ministerial.
- **50–100 mL**: análisis de laboratorio pericial.
- **≤ 100 mL**: análisis especializados externos (p. ej., PEMEX) [2,4].

El sobrellenado del frasco debe evitarse, ya que la expansión térmica del hidrocarburo puede provocar fuga, ruptura del envase o pérdida del sello [3].

17.3 Tipo de envase y compatibilidad

17.3.1 Material del envase

El envase recomendado para el almacenamiento de muestras de hidrocarburos es el **vidrio**, preferentemente ámbar, debido a su inercia química y resistencia a solventes orgánicos [1,5].

El uso de envases plásticos solo es aceptable cuando:

- Están certificados para hidrocarburos.
- El almacenamiento es de muy corto plazo.
- No existe alternativa técnica disponible [2].

Envases metálicos o reutilizados **no son aceptables** desde el punto de vista pericial, ya que pueden inducir contaminación o reacciones no deseadas [3].

17.3.2 Sistema de cierre

El sistema de cierre debe ser **hermético**, resistente a solventes y compatible con sellos de seguridad. Tapas con liner de PTFE o materiales equivalentes son las más recomendables [1]. Cierres defectuosos, flojos o improvisados comprometen la integridad de la muestra y son fácilmente cuestionables en audiencia [4].

17.4 Condiciones ambientales de almacenamiento

17.4.1 Temperatura

Las muestras deben almacenarse en un rango de **15 a 25 °C**, evitando fuentes de calor directo, radiación solar o variaciones térmicas abruptas [1,3].

Temperaturas elevadas favorecen:

- Evaporación de fracciones ligeras.
- Aumento de presión interna.
- Cambios en la densidad aparente del producto [2].

17.4.2 Iluminación y ventilación

El almacenamiento debe realizarse en áreas **ventiladas, oscuras o con iluminación indirecta**, minimizando la exposición a luz solar directa [5].

La ventilación reduce la acumulación de vapores inflamables en caso de fuga accidental [3].

17.5 Tiempo de almacenamiento y estabilidad

El tiempo de almacenamiento debe ser **el mínimo técnicamente necesario**. Aun bajo condiciones adecuadas, los hidrocarburos pueden experimentar cambios graduales por evaporación o intercambio gaseoso [1].

Como referencia pericial:

- **Análisis inmediato (≤ 72 h):** condiciones estándar suficientes.
- **Almacenamiento corto (hasta 30 días):** envase hermético, control térmico y revisión periódica.
- **Almacenamiento prolongado (> 30 días):** debe justificarse y documentarse expresamente en el expediente [2,4].

El almacenamiento indefinido de muestras carece de sustento técnico y jurídico [6].

17.6 Etiquetado, sellado y control

Cada muestra almacenada debe contar con:

- Etiqueta legible e indeleble.
- Identificador único.
- Fecha y hora de muestreo.
- Nombre o clave del perito responsable [6].

El sellado debe impedir la apertura sin evidencia visible de manipulación. Cualquier reapertura debe documentarse formalmente dentro de la cadena de custodia [6].

17.7 Criterios periciales para el desecho de muestras

17.7.1 Cuándo procede el desecho

El desecho de muestras procede cuando:

- Se ha concluido el análisis pericial.
- Se ha cumplido el tiempo legal de resguardo.
- Existe orden expresa de la autoridad competente [6].

El desecho **nunca debe realizarse por iniciativa unilateral del perito**, aun cuando la muestra haya perdido estabilidad [4].

17.7.2 Forma correcta de desecho

El desecho de hidrocarburos debe realizarse conforme a **normativas ambientales y de seguridad**, mediante gestores autorizados o procedimientos institucionales establecidos [3,5].

El vertido, combustión no controlada o eliminación informal constituye una falta grave y compromete al perito y a la institución [6].

17.8 Registro pericial del almacenamiento y desecho

Toda decisión relacionada con el almacenamiento o desecho debe quedar documentada de forma clara y técnica, indicando:

- Condiciones de almacenamiento.
- Tiempo de resguardo.
- Motivo y fecha de desecho.
- Autoridad que ordena o autoriza [6].

La ausencia de este registro es una debilidad pericial frecuente en audiencia.

Conclusiones del capítulo

El almacenamiento es una fase crítica del proceso pericial [1].
Volúmenes excesivos incrementan el riesgo sin aportar valor analítico [2].
El envase, el cierre y las condiciones ambientales determinan la estabilidad de la muestra [3].
El tiempo de almacenamiento debe ser mínimo y justificable [4].
El desecho solo procede con orden y registro formal, conforme a la normativa aplicable [6].

Referencias

1. ASTM D4057-22. *Standard Practice for Manual Sampling of Petroleum and Petroleum Products.*
2. API MPMS Chapter 8. *Sampling of Petroleum and Petroleum Products.*
3. NFPA 30. *Flammable and Combustible Liquids Code.*
4. ISO 3170. *Petroleum liquids — Manual sampling.*
5. Secretaría de Economía. *Lineamientos de seguridad en el manejo y almacenamiento de hidrocarburos.*
6. Código Nacional de Procedimientos Penales (CNPP). Cadena de custodia, resguardo y destino de indicios.

Capítulo 18 Análisis de PEMEX y su uso pericial

18.1 Alcance real del análisis realizado por PEMEX

Petróleos Mexicanos (PEMEX) cuenta con laboratorios especializados para la **caracterización fisicoquímica de hidrocarburos**, diseñados primordialmente para fines **industriales, comerciales y de control de calidad**, no para la integración directa de dictámenes penales [1,2].

Desde el punto de vista pericial, es fundamental comprender que los análisis de PEMEX:

- **Identifican el tipo de producto**.
- Determinan **propiedades fisicoquímicas generales**.
- Permiten **comparaciones con especificaciones técnicas internas**.

Sin embargo, **no sustituyen** el análisis pericial realizado por los laboratorios de la Fiscalía ni constituyen, por sí mismos, un dictamen penal [3].

18.2 Qué analiza PEMEX

Los análisis comúnmente realizados por PEMEX incluyen, entre otros [1,2]:

- Densidad o gravedad API.
- Intervalo de destilación.
- Punto de inflamación.
- Contenido de azufre.
- Identificación general del producto (gasolina, diésel, combustóleo, etc.).

Estos parámetros permiten **clasificar técnicamente el hidrocarburo** y verificar si corresponde a un producto comercial típico o a una mezcla atípica [4].

18.3 Qué NO analiza PEMEX

Desde el punto de vista pericial, es igualmente importante establecer con claridad los **límites del análisis de PEMEX**. De manera general, PEMEX **no realiza** [3,5]:

- Determinación de **origen ilícito** del producto.
- Evaluación de **responsabilidad penal**.
- Interpretación jurídica del resultado.
- Análisis enfocados a **tipificación del delito**.

Cualquier intento de atribuir conclusiones penales directas a un reporte de PEMEX constituye una **sobreinterpretación técnicamente incorrecta** y jurídicamente vulnerable [6].

18.4 Tipo de reportes emitidos por PEMEX

PEMEX emite **informes técnicos** o **reportes de laboratorio**, que describen resultados analíticos bajo metodologías estandarizadas. Estos documentos:

- No están redactados como dictámenes periciales.
- No incluyen valoración jurídica.
- No establecen conclusiones penales [2].

Desde el enfoque pericial, estos reportes deben considerarse **documentos técnicos de apoyo**, no conclusiones finales [4].

18.5 Uso correcto del análisis de PEMEX en el dictamen pericial

El análisis de PEMEX puede integrarse al dictamen pericial **como elemento de corroboración**, siempre que se utilice de manera correcta [3].

El uso pericial adecuado consiste en:

- Citar el reporte como **fuente técnica externa**.
- Integrar sus resultados dentro del **análisis global**.
- Evitar transcribir conclusiones sin interpretación pericial [1,6].

Ejemplo de uso correcto:

"Los resultados analíticos emitidos por PEMEX indican que la muestra corresponde a un hidrocarburo con características fisicoquímicas compatibles con diésel comercial, lo cual es congruente con los resultados obtenidos en el laboratorio pericial."

18.6 Errores frecuentes en la interpretación del análisis de PEMEX

Entre los errores periciales más comunes se encuentran:

- Asumir que PEMEX determina el **origen ilícito** del producto [5].
- Presentar el reporte como **dictamen penal concluyente** [6].
- Omitir explicar las **limitaciones del análisis** [3].
- Copiar resultados sin análisis crítico [4].

Estos errores son **altamente explotables en audiencia**, ya que permiten cuestionar la competencia y el alcance real del peritaje.

18.7 Relación entre análisis de PEMEX y análisis de la Fiscalía

El análisis realizado por el laboratorio de la Fiscalía tiene un **objetivo distinto** al de PEMEX. Mientras PEMEX caracteriza el producto, el laboratorio pericial:

- Vincula el resultado con el **objeto del proceso penal**.
- Evalúa la pertinencia del resultado respecto al delito investigado.
- Integra el análisis dentro de un **dictamen estructurado** [6].

Ambos análisis **no se contradicen**, sino que se complementan cuando se utilizan correctamente [1].

18.8 Valor probatorio del análisis de PEMEX

El valor probatorio del análisis de PEMEX es **indirecto y técnico**. Su fortaleza radica en:

- La estandarización de métodos.
- La trazabilidad analítica.
- La experiencia institucional [2,4].

No obstante, el valor final del resultado **depende de la interpretación pericial**, no del reporte en sí [6].

18.9 Registro pericial del uso del análisis de PEMEX

El dictamen debe dejar constancia expresa de:

- Qué análisis realizó PEMEX.
- Qué información aporta al dictamen.
- Qué aspectos quedan fuera de su alcance [3].

Este registro evita confusiones y fortalece la defensa técnica del perito en juicio.

Conclusiones del capítulo

PEMEX realiza análisis técnicos, no dictámenes penales [1]. Sus resultados permiten caracterizar hidrocarburos, no determinar ilicitud [3].

El análisis de PEMEX debe utilizarse como elemento de corroboración [4]. La sobreinterpretación de sus reportes debilita el dictamen pericial [6]. El valor probatorio final depende de la correcta integración pericial [6].

Referencias

1. ASTM D4057-22. *Standard Practice for Manual Sampling of Petroleum and Petroleum Products.*
2. API MPMS Chapter 8. *Sampling of Petroleum and Petroleum Products.*
3. ISO 3170. *Petroleum liquids — Manual sampling.*
4. Speight, J.G. *The Chemistry and Technology of Petroleum.* CRC Press.
5. Secretaría de Energía. *Marco regulatorio de hidrocarburos en México.*
6. Código Nacional de Procedimientos Penales (CNPP). Valoración de la prueba pericial.

Capítulo 19 Análisis de la Fiscalía

19.1 Finalidad del análisis pericial en la Fiscalía

El análisis realizado por el laboratorio pericial de la Fiscalía tiene una finalidad **estrictamente probatoria**, orientada a responder **preguntas jurídicas concretas** planteadas por la autoridad ministerial. A diferencia del análisis industrial o comercial, el análisis pericial **no busca certificar calidad**, sino **identificar, clasificar y vincular técnicamente el indicio con el hecho investigado** [1,2].

Desde el punto de vista pericial, el análisis de la Fiscalía constituye el **núcleo técnico del dictamen**, ya que es el único análisis diseñado para ser interpretado y defendido dentro del proceso penal [3].

19.2 Alcance del análisis pericial

El alcance del análisis pericial está determinado por:

- El **objeto del dictamen**.
- El tipo de producto.
- El volumen de muestra disponible.
- Las metodologías validadas en el laboratorio [2].

De manera general, el análisis pericial permite:

- Identificar el tipo de hidrocarburo.
- Detectar adulteraciones evidentes.
- Diferenciar hidrocarburos de otras sustancias inflamables.
- Vincular resultados con categorías técnicas relevantes para el proceso penal [1,4].

19.3 Metodologías empleadas en el análisis pericial

Los laboratorios de la Fiscalía emplean metodologías analíticas **validadas, reproducibles y documentadas**, seleccionadas en función del objetivo pericial y la disponibilidad instrumental [3].

Entre las metodologías más comunes se incluyen:

- Pruebas fisicoquímicas básicas (densidad, olor, apariencia).
- Técnicas instrumentales como GC, GC-MS o FTIR.

- Comparaciones cualitativas con materiales de referencia [2,5].

El uso de técnicas avanzadas **no es obligatorio en todos los casos**; la pertinencia metodológica prevalece sobre la sofisticación instrumental [4].

19.4 Interpretación pericial de los resultados

La interpretación de los resultados **no es automática ni mecánica**. El perito debe analizar los datos en conjunto, considerando:

- Concordancia entre distintas pruebas.
- Limitaciones inherentes a cada técnica.
- Condiciones de muestreo y almacenamiento [1,3].

Una interpretación pericial sólida evita conclusiones absolutas y se apoya en **lenguaje técnico prudente**, describiendo compatibilidades, correspondencias o exclusiones [6].

19.5 Diferencia entre resultado analítico y conclusión pericial

Un error frecuente consiste en confundir el **resultado analítico** con la **conclusión pericial**. El resultado es un dato técnico; la conclusión es una **valoración experta** que integra:

- Resultados de laboratorio.
- Contexto del hallazgo.
- Marco jurídico aplicable [2,6].

La conclusión pericial es la que tiene valor probatorio, no el dato aislado [3].

19.6 Relación entre análisis de la Fiscalía y análisis externos

Los análisis externos (por ejemplo, PEMEX) pueden servir como **elementos de corroboración**, pero no sustituyen el análisis pericial de la Fiscalía [4].

El perito debe explicar:

- Coincidencias entre resultados.
- Diferencias metodológicas.
- Alcance específico de cada análisis [1,5].

La ausencia de esta explicación debilita el dictamen y abre flancos de impugnación.

19.7 Limitaciones del análisis pericial

Todo análisis pericial tiene límites técnicos. Entre los más relevantes se encuentran:

- Volumen reducido de muestra.
- Evaporación previa.
- Contaminación ambiental.
- Imposibilidad de determinar origen exacto del producto [2,3].

Reconocer y documentar estas limitaciones **fortalece**, y no debilita, la credibilidad del perito en audiencia [6].

19.8 Registro y documentación del análisis

El análisis pericial debe quedar plenamente documentado, incluyendo:

- Metodologías empleadas.
- Condiciones analíticas.
- Resultados obtenidos.
- Interpretación y conclusión pericial [3].

La omisión de cualquiera de estos elementos es una debilidad técnica y jurídica [6].

19.9 Valor probatorio del análisis de la Fiscalía

El valor probatorio del análisis pericial radica en:

- La competencia técnica del perito.
- La trazabilidad de la muestra.
- La coherencia entre resultados y conclusiones [1,6].

Cuando estos elementos están presentes, el análisis de la Fiscalía constituye **prueba técnica sólida** dentro del proceso penal [3].

Conclusiones del capítulo

El análisis de la Fiscalía tiene finalidad probatoria [1].
Es el núcleo técnico del dictamen pericial [3].
La interpretación pericial es tan importante como el análisis instrumental [2].
Reconocer límites técnicos fortalece la credibilidad [6].
El valor probatorio depende de la correcta integración y defensa del análisis [6].

Referencias

1. ASTM D4057-22. *Standard Practice for Manual Sampling of Petroleum and Petroleum Products*.
2. ISO 3170. *Petroleum liquids — Manual sampling.*
3. SWGDRUG. *Recommendations for the Forensic Analysis of Drugs*.
4. Speight, J.G. *The Chemistry and Technology of Petroleum*. CRC Press.
5. API MPMS Chapter 8. *Sampling of Petroleum and Petroleum Products*.
6. Código Nacional de Procedimientos Penales (CNPP). Valoración de la prueba pericial.

Capítulo 20 PROFECO y el volumen comercial

20.1 Naturaleza del control realizado por PROFECO

La Procuraduría Federal del Consumidor (PROFECO) tiene como función principal la **verificación del cumplimiento comercial** en la venta de bienes y servicios, incluyendo combustibles, bajo el principio de protección al consumidor. Su actuación se centra en el **volumen comercial entregado** y en la exactitud de los sistemas de medición utilizados en estaciones de servicio [1,2].

Desde el punto de vista pericial, es indispensable diferenciar que el control ejercido por PROFECO **no tiene finalidad penal**, sino **administrativa y comercial**, y responde a un marco jurídico distinto al del proceso penal [3].

20.2 Qué se entiende por "volumen comercial"

El volumen comercial es la **cantidad de producto que se ofrece y entrega al consumidor**, expresada normalmente en litros y medida bajo condiciones controladas y estandarizadas [1].

Este concepto implica:

- Uso de **instrumentos de medición calibrados**.
- Condiciones de operación definidas.
- Correcciones por temperatura y presión, cuando aplican [2].

El volumen comercial **no equivale** al volumen contenido, estimado o pericialmente determinado en un aseguramiento [4].

20.3 Metodologías empleadas por PROFECO

PROFECO utiliza procedimientos metrológicos orientados a verificar el principio de **"litro por litro"**, mediante [1,2]:

- Verificación de dispensarios.
- Uso de recipientes patrón.
- Evaluación de sistemas de medición volumétrica.
- Revisión de sellos y calibraciones.

Estas metodologías están diseñadas para evaluar **transacciones comerciales**, no para analizar hidrocarburos incautados ni sistemas clandestinos [3].

20.4 Qué NO evalúa PROFECO

Desde un enfoque pericial, es fundamental establecer los límites de la intervención de PROFECO. De manera general, PROFECO **no evalúa** [3,5]:

- Origen lícito o ilícito del hidrocarburo.
- Volumen total asegurado en un cateo.
- Riesgos operativos o de seguridad pericial.
- Tipificación del delito.

Atribuirle a PROFECO funciones periciales penales constituye un **error conceptual grave** [6].

20.5 Diferencia entre volumen comercial y volumen pericial

El volumen pericial se determina con fines probatorios y puede ser:

- Nominal.
- Contenido.
- Útil.
- Estimado o medido [4].

A diferencia del volumen comercial, el volumen pericial:

- Puede determinarse **sin instrumentos certificados**.
- Se basa en criterios geométricos y técnicos.
- Se ajusta a condiciones reales del sitio [3].

Confundir ambos conceptos genera errores en dictámenes y es un punto frecuente de impugnación en audiencia [6].

20.6 Casos en los que interviene PROFECO

La intervención de PROFECO es pertinente cuando:

- Se investiga **fraude al consumidor**.
- Se evalúan **dispensarios en operación**.
- Existe controversia sobre el volumen entregado en una venta [1].

En estos casos, su actuación **no sustituye** ni invalida el trabajo pericial de la Fiscalía, ya que los objetivos son distintos [3,5].

20.7 Casos en los que NO aplica PROFECO

PROFECO **no debe intervenir** cuando:

- El producto está asegurado como indicio penal.
- Se trata de sistemas clandestinos.
- No existe relación comercial con un consumidor final [4,6].

Solicitar intervención de PROFECO en estos escenarios carece de sustento técnico y jurídico.

20.8 Uso correcto de información de PROFECO en el dictamen pericial

Cuando existe información técnica generada por PROFECO, esta puede incorporarse al dictamen **como referencia contextual**, siempre que se indique claramente su alcance [2,3].

Ejemplo de uso correcto:

"Los criterios de medición utilizados por PROFECO se refieren a volumen comercial en dispensarios, por lo que no resultan aplicables directamente a la determinación del volumen pericial del hidrocarburo asegurado."

20.9 Errores frecuentes relacionados con PROFECO

Entre los errores más comunes se encuentran:

- Equiparar volumen comercial con volumen pericial [4].
- Pretender validar un aseguramiento con criterios de "litro por litro" [1].
- Citar a PROFECO como autoridad pericial penal [6].
- Omitir explicar la diferencia conceptual en el dictamen [3].

Estos errores debilitan gravemente la solidez técnica del peritaje.

Conclusiones del capítulo

PROFECO ejerce control administrativo y comercial [1].
El volumen comercial es distinto del volumen pericial [4].
Las metodologías de PROFECO no aplican a aseguramientos penales [3].
Confundir ambos enfoques es un error pericial grave [6].
La correcta delimitación de competencias fortalece el dictamen y su defensa en juicio.

Referencias

1. PROFECO. *Procedimientos de verificación de combustibles y dispensarios.*
2. NOM-005-SCFI-2017. *Instrumentos de medición—Sistemas para medición y despacho de gasolina y otros combustibles líquidos.*
3. Secretaría de Economía. *Marco normativo de metrología y normalización.*
4. ASTM D4057-22. *Standard Practice for Manual Sampling of Petroleum and Petroleum Products.*
5. API MPMS Chapter 8. *Sampling of Petroleum and Petroleum Products.*
6. Código Nacional de Procedimientos Penales (CNPP). Valoración de la prueba pericial y competencias.

Capítulo 21 Horario, condiciones ambientales y decisión operativa

21.1 Importancia pericial del momento de intervención

En la investigación de delitos relacionados con hidrocarburos, **el momento de la intervención** influye directamente en la seguridad, la calidad de la información obtenida y la viabilidad de las decisiones periciales. El horario y las condiciones ambientales **no son variables secundarias**, sino factores técnicos que deben evaluarse antes de cualquier actuación en campo [1,2].

Una intervención mal calendarizada puede incrementar el riesgo de ignición, comprometer la representatividad del volumen o impedir la correcta documentación del hallazgo [3].

21.2 Influencia del horario en la intervención pericial

21.2.1 Intervenciones diurnas

Las intervenciones realizadas durante el día ofrecen ventajas periciales claras:

- Mejor visibilidad del sitio y del contenedor.
- Menor dependencia de iluminación artificial.
- Mayor facilidad para identificar fugas, derrames o deformaciones [1].

Desde el punto de vista pericial, el horario diurno **reduce riesgos operativos** y facilita la documentación fotográfica y descriptiva [2].

21.2.2 Intervenciones nocturnas

Las intervenciones nocturnas incrementan los riesgos asociados a:

- Visibilidad limitada.
- Dependencia de fuentes de luz artificial.
- Mayor probabilidad de errores de apreciación [3].

La iluminación artificial puede introducir riesgos adicionales si no es intrínsecamente segura. Por ello, las intervenciones nocturnas **deben justificarse** y, en su caso, limitarse a actividades estrictamente necesarias [4].

21.3 Temperatura ambiental y comportamiento del hidrocarburo

La temperatura ambiental influye directamente en el volumen aparente y en la generación de vapores inflamables [1].

21.3.1 Temperaturas elevadas

En condiciones de alta temperatura:

- Aumenta la volatilidad.
- Se incrementa la presión interna del contenedor.
- Se eleva el riesgo de ignición [3].

Desde el punto de vista pericial, temperaturas elevadas pueden justificar la **postergación de la intervención** o la decisión de no muestrear [2].

21.3.2 Temperaturas bajas

A temperaturas bajas:

- Disminuye la presión de vapor.
- Se reduce el riesgo inmediato de ignición.
- Puede aumentar la viscosidad del producto [1].

Estas condiciones suelen ser más favorables para la medición y el muestreo, siempre que exista visibilidad adecuada [4].

21.4 Ventilación del sitio

La ventilación es un factor crítico para la seguridad del perito. En espacios cerrados o semiconfinados, la acumulación de vapores inflamables puede alcanzar niveles peligrosos en poco tiempo [3].

La falta de ventilación adecuada constituye un **criterio técnico para no intervenir**, independientemente del volumen o del tipo de producto [2,5].

21.5 Humedad, lluvia y condiciones climáticas

Las condiciones climáticas adversas afectan la intervención pericial de varias formas:

- La lluvia dificulta la identificación de derrames.
- La humedad incrementa el riesgo de resbalones y caídas.

- El viento puede dispersar vapores o interferir con la medición [1].

Estas condiciones deben evaluarse de manera conjunta y documentarse como parte de la decisión operativa [4].

21.6 Condiciones de visibilidad y documentación

La documentación fotográfica y descriptiva es un componente esencial del dictamen. Una visibilidad deficiente limita:

- La correcta identificación del contenedor.
- La evaluación del nivel de llenado.
- La evidencia visual del estado del sistema [2].

Si las condiciones no permiten documentación adecuada, la intervención debe limitarse o diferirse [6].

21.7 Decisión pericial de NO intervenir

La decisión de **no intervenir** es una decisión técnica válida cuando:

- El riesgo supera el valor probatorio.
- Las condiciones ambientales son desfavorables.
- No existe posibilidad de medición o muestreo seguro [3,5].

Esta decisión debe documentarse claramente, explicando los factores técnicos considerados [6].

21.8 Registro pericial de las condiciones ambientales

El dictamen debe incluir, cuando sea pertinente:

- Hora y fecha de la intervención.
- Condiciones de iluminación.
- Temperatura ambiental aproximada.
- Estado de ventilación y clima [1,4].

Este registro permite justificar decisiones operativas ante la autoridad judicial.

Conclusiones del capítulo

El horario influye directamente en la seguridad y calidad de la intervención [1]. Las condiciones ambientales pueden justificar la postergación o suspensión de la intervención [3]. La ventilación es un factor crítico de seguridad [5]. La decisión de no intervenir es técnica y defendible cuando está documentada [6]. El registro de condiciones ambientales fortalece el dictamen pericial.

Referencias

1. ASTM D4057-22. *Standard Practice for Manual Sampling of Petroleum and Petroleum Products*.
2. API MPMS Chapter 8. *Sampling of Petroleum and Petroleum Products*.
3. NFPA 30. *Flammable and Combustible Liquids Code*.
4. ISO 3170. *Petroleum liquids — Manual sampling*.
5. Secretaría de Economía. *Lineamientos de seguridad en el manejo de hidrocarburos*.
6. Código Nacional de Procedimientos Penales (CNPP). Documentación de actos de investigación.

Capítulo 22 Integración del volumen en el dictamen

22.1 El volumen como dato pericial, no administrativo

El volumen determinado en una intervención relacionada con hidrocarburos constituye un **dato técnico–pericial**, no un registro administrativo ni un valor comercial. Su función principal es **apoyar la interpretación del hecho investigado**, no certificar cantidades exactas bajo condiciones ideales [1,2].

Desde el punto de vista pericial, el volumen debe entenderse como una **estimación técnica razonable**, obtenida bajo condiciones reales de campo, con limitaciones claramente identificadas y documentadas [3].

22.2 Ubicación del volumen dentro del dictamen

El volumen debe integrarse en el dictamen dentro del **apartado técnico correspondiente**, generalmente en la descripción del indicio o en el análisis pericial, y **nunca como una cifra aislada o descontextualizada** [4].

La integración correcta incluye:

- Descripción del sistema de contención.
- Método utilizado para la determinación del volumen.
- Condiciones bajo las cuales se realizó la estimación o medición [1,2].

22.3 Redacción técnica del volumen

La redacción del volumen debe evitar afirmaciones absolutas. Desde el enfoque pericial, se recomienda utilizar expresiones como:

- "volumen aproximado"
- "volumen estimado"
- "volumen determinado mediante método geométrico" [3]

El uso de términos categóricos como "volumen exacto" o "cantidad precisa" **carece de sustento técnico** en contextos periciales de campo y es fácilmente cuestionable en audiencia [5].

22.4 Método empleado y su justificación

El dictamen debe indicar explícitamente **cómo se obtuvo el volumen**, señalando:

- Si fue medición directa.
- Si fue estimación geométrica.
- Si se utilizó información nominal del contenedor [1].

Asimismo, debe justificarse **por qué se eligió ese método**, considerando seguridad, accesibilidad y condiciones del sitio [2,6].

22.5 Condiciones que afectan la determinación del volumen

El perito debe dejar constancia de las condiciones que influyen en la determinación del volumen, tales como:

- Nivel de llenado.
- Temperatura ambiental.
- Estado del contenedor.
- Presencia de sedimentos o fases separadas [1,3].

La omisión de estos factores debilita la solidez técnica del dictamen [4].

22.6 Incertidumbre y margen de error

Todo volumen pericial tiene un **margen de error inherente**. Reconocerlo y documentarlo **no invalida** el dictamen; por el contrario, lo fortalece [2].

El dictamen debe indicar, cuando sea pertinente:

- Que el volumen es aproximado.
- Que existen variaciones posibles por condiciones ambientales.
- Que el valor reportado corresponde a las condiciones observadas en campo [3,6].

22.7 Qué se puede afirmar pericialmente

Desde el punto de vista pericial, es válido afirmar:

- Que el volumen corresponde a una **estimación técnica razonable**.
- Que el volumen es consistente con el tipo de contenedor y su nivel de llenado.
- Que el volumen fue determinado bajo condiciones específicas documentadas [1,4].

Estas afirmaciones son defendibles siempre que estén sustentadas técnicamente.

22.8 Qué NO se debe afirmar

El perito **no debe afirmar**:

- Que el volumen es exacto.
- Que el volumen coincide con un valor comercial.
- Que el volumen determina por sí mismo la ilicitud del producto [5,6].

Estas afirmaciones exceden el alcance técnico del peritaje y pueden comprometer la credibilidad del dictamen.

22.9 Relación del volumen con el tipo penal

El volumen es un **dato técnico auxiliar** que puede contribuir a la contextualización del hecho, pero **no define por sí mismo el tipo penal** [6].

El dictamen debe limitarse a describir el volumen y su método de obtención, dejando la valoración jurídica final a la autoridad competente [4].

22.10 Defensa del volumen en audiencia

En audiencia, el perito debe estar preparado para explicar:

- Cómo se obtuvo el volumen.
- Qué limitaciones existieron.
- Por qué el método fue adecuado [1,2].

Una explicación clara, técnica y congruente con lo documentado en el dictamen **neutraliza cuestionamientos** sobre precisión o exactitud [6].

Conclusiones del capítulo

El volumen es un dato técnico–pericial, no comercial [1].
Debe integrarse contextualizado y justificado en el dictamen [2].
La redacción prudente fortalece la defensa técnica [3].
Reconocer incertidumbre no debilita el dictamen [4].
El volumen apoya, pero no define, la valoración jurídica del hecho [6].

Referencias

[1] ASTM D4057-22. *Standard Practice for Manual Sampling of Petroleum and Petroleum Products.*

[2] API MPMS Chapter 8. *Sampling of Petroleum and Petroleum Products.*

[3] ISO 3170. *Petroleum liquids — Manual sampling.*

[4] Speight, J.G. *The Chemistry and Technology of Petroleum.* CRC Press.

[5] PROFECO. *Criterios de medición volumétrica en transacciones comerciales.*

[6] Código Nacional de Procedimientos Penales (CNPP). Valoración de la prueba pericial.

Capítulo 23 Errores reales en la determinación del volumen

23.1 Importancia pericial del análisis de errores

La determinación del volumen en hechos relacionados con hidrocarburos es una de las actividades **más vulnerables a cuestionamiento en audiencia**. Los errores no suelen ser instrumentales, sino **de criterio, de decisión operativa o de redacción**, y en muchos casos se originan fuera del laboratorio [1,2].

Analizar errores reales permite identificar **prácticas incorrectas recurrentes**, corregirlas y fortalecer la defensa técnica del dictamen pericial [3].

23.2 Errores técnicos de medición

23.2.1 Confundir volumen nominal con volumen real

Un error frecuente consiste en asumir que el volumen nominal del contenedor equivale al volumen contenido. El volumen nominal representa la **capacidad máxima teórica**, no el volumen efectivamente presente [1].

Este error es especialmente común en cubitanes, cisternas y pipas, y puede generar **sobreestimaciones significativas** [4].

23.2.2 Medir sin considerar el nivel de llenado

Omitir la evaluación del nivel real de llenado del contenedor invalida cualquier cálculo volumétrico. El volumen debe ajustarse al porcentaje de llenado observado, documentado visualmente y descrito en el dictamen [2].

La ausencia de este ajuste es fácilmente identificable en audiencia [6].

23.2.3 Ignorar la geometría real del contenedor

El uso de fórmulas geométricas incorrectas (por ejemplo, tratar un tanque horizontal como vertical) constituye un error técnico grave [1,4].

Este tipo de error suele evidenciar **falta de comprensión física del sistema** y debilita seriamente el dictamen.

23.3 Errores de criterio pericial

23.3.1 Medir cuando no es seguro

La presión operativa o la insistencia de terceros puede llevar al perito a medir o muestrear en condiciones inseguras. Desde el punto de vista pericial, **ningún volumen justifica comprometer la seguridad** [3,5].

Este error suele ser severamente cuestionado en juicio.

23.3.2 Medir todo "por si acaso"

Tomar múltiples mediciones sin justificación técnica no fortalece el dictamen. Por el contrario, incrementa el riesgo de inconsistencias y contradicciones internas [2].

La selección técnica es más defendible que la exhaustividad indiscriminada [6].

23.3.3 Confundir funciones institucionales

Aplicar criterios de PROFECO o de control comercial para determinar volumen pericial es un error conceptual recurrente [4].

Este error revela desconocimiento del alcance pericial y suele ser explotado por la defensa [6].

23.4 Errores de documentación

23.4.1 No documentar el método utilizado

Omitir la explicación del método de determinación del volumen impide la reproducibilidad técnica y debilita el dictamen [1].

Toda determinación debe indicar **cómo, por qué y bajo qué condiciones** se realizó [2].

23.4.2 Uso de lenguaje absoluto

Expresiones como "volumen exacto" o "cantidad precisa" carecen de sustento técnico en campo y son puntos de ataque comunes en contrainterrogatorio [3,6].

La redacción prudente es parte del rigor pericial.

23.4.3 Falta de registro de condiciones ambientales

No registrar horario, temperatura aproximada o condiciones del sitio elimina elementos clave para explicar variaciones volumétricas [1,4].

Este vacío documental suele interpretarse como improvisación.

23.5 Errores por desconocimiento de límites técnicos

23.5.1 Pretender precisión de laboratorio en campo

Exigir exactitud absoluta en campo es un error conceptual. El volumen pericial es una **estimación técnica razonable**, no una medición metrológica certificada [2].

Desconocer esta diferencia debilita la defensa del perito [6].

23.5.2 Asumir que el volumen define el delito

El volumen es un dato auxiliar, no un elemento autónomo del tipo penal. Presentarlo como determinante del delito excede el alcance técnico del peritaje [6].

23.6 Consecuencias de los errores en audiencia

Los errores en la determinación del volumen pueden generar:

- Dudas sobre la competencia del perito.
- Cuestionamientos sobre la cadena de custodia.
- Invalidación parcial del dictamen [3,6].

Muchos dictámenes técnicamente correctos se debilitan **por errores evitables de redacción o criterio**.

23.7 Estrategias periciales para prevenir errores

Para minimizar errores, se recomienda:

- Evaluar siempre **riesgo vs valor probatorio** [5].
- Seleccionar el método más simple y defendible.
- Documentar todo lo observado, incluso limitaciones.
- Usar lenguaje técnico prudente y consistente [1,2].

Estas estrategias fortalecen el dictamen y la posición del perito en juicio.

Conclusiones del capítulo

Los errores en volumen suelen ser de criterio y documentación [1]. Confundir volumen nominal con volumen real es un error recurrente [4]. La seguridad del perito es prioritaria frente a cualquier presión [5]. La redacción imprudente debilita dictámenes técnicamente correctos [6]. Prevenir errores fortalece la defensa pericial en audiencia.

Referencias

1. ASTM D4057-22. *Standard Practice for Manual Sampling of Petroleum and Petroleum Products.*
2. API MPMS Chapter 8. *Sampling of Petroleum and Petroleum Products.*
3. ISO 3170. *Petroleum liquids — Manual sampling.*
4. Speight, J.G. *The Chemistry and Technology of Petroleum.* CRC Press.
5. NFPA 30. *Flammable and Combustible Liquids Code.*
6. Código Nacional de Procedimientos Penales (CNPP). Valoración de la prueba pericial y contrainterrogatorio.

Capítulo 24 Casos prácticos

24.1 Función pericial de los casos prácticos

Los casos prácticos permiten visualizar cómo los criterios técnicos descritos a lo largo del libro **se aplican en escenarios reales**, bajo limitaciones de tiempo, seguridad y condiciones ambientales. Su objetivo **no es estandarizar actuaciones**, sino **mostrar decisiones periciales razonadas**, documentadas y defendibles [1,2].

Cada caso presentado a continuación ilustra **aciertos y errores frecuentes**, así como la forma correcta de integrar el volumen en el dictamen.

24.2 Caso 1 Cubetas con hidrocarburo en inmueble habitacional

Descripción del hallazgo

Durante un cateo en un inmueble de uso habitacional se localizaron **12 cubetas plásticas** de aproximadamente 20 L, algunas sin tapa, con olor característico a hidrocarburo ligero. El área presentaba ventilación natural limitada [1].

Decisión pericial

Se evaluó el riesgo de vapores inflamables y se determinó que el contenido era **homogéneo** por recipiente. Se decidió **tomar una muestra representativa por tipo de recipiente**, no por cada cubeta [2].

Determinación del volumen

El volumen se estimó considerando la capacidad nominal de las cubetas y el nivel de llenado observado, documentado fotográficamente. El volumen se reportó como **aproximado**, indicando el método y sus limitaciones [3].

Lección pericial

Tomar una muestra por cada cubeta habría incrementado el riesgo sin aportar mayor valor probatorio [4].

24.3 Caso 2 Tambos metálicos en bodega improvisada

Descripción del hallazgo

En una bodega se localizaron **18 tambos metálicos** de 200 L, cerrados, sin etiquetas visibles. El área presentaba ventilación cruzada aceptable [1].

Decisión pericial

Se determinó que los tambos presentaban **condiciones equivalentes**. Se seleccionó **un tambo representativo** para muestreo, documentando la razón técnica [2].

Determinación del volumen

El volumen total se estimó considerando:

- Capacidad nominal del tambo.
- Nivel de llenado visible en algunos recipientes abiertos.
- Suposición conservadora de llenado parcial [3].

Error evitado

No se asumió llenado completo de todos los tambos, evitando una **sobreestimación injustificada** [4].

24.4 Caso 3 Cubitán (IBC) con hidrocarburo en patio abierto

Descripción del hallazgo

Se localizó un cubitán de aproximadamente 1 000 L con hidrocarburo oscuro, con válvula inferior sellada. El recipiente mostraba deformación ligera por temperatura [3].

Decisión pericial

Se determinó **no muestrear**, debido al riesgo asociado a la apertura del sistema. Se documentó la decisión técnica de no intervención [5].

Determinación del volumen

El volumen se estimó con base en:

- Capacidad nominal.
- Nivel visible a través del material translúcido.
- Corrección conservadora por deformación [1].

Lección pericial

La **no toma de muestra** fue defendible y técnicamente correcta al privilegiar la seguridad [6].

24.5 Caso 4 Cisterna fija con hidrocarburo en inmueble rural

Descripción del hallazgo

En un inmueble rural se encontró una cisterna fija subterránea con hidrocarburo. El acceso era limitado y no existía iluminación natural suficiente [3].

Decisión pericial

Se determinó **no realizar muestreo ni medición directa**, debido a:

- Falta de ventilación.
- Riesgo de acumulación de vapores.
- Imposibilidad de documentación adecuada [2,5].

Registro pericial

Se dejó constancia expresa de las condiciones ambientales y de la **decisión técnica de no intervenir** [6].

Lección pericial

No intervenir es una decisión pericial válida cuando el riesgo supera el valor probatorio [1].

24.6 Caso 5 Pipa con hidrocarburo asegurada en vía pública

Descripción del hallazgo

Se aseguró una pipa con hidrocarburo en vía pública. El sistema se encontraba cerrado y presurizado, sin accesos seguros para muestreo [4].

Decisión pericial

Se decidió **no tomar muestras.** El volumen se estimó con base en la capacidad nominal del autotanque, ajustando por información visual externa [1].

Error evitado

No se abrió la válvula inferior ni se intentó trasiego, evitando un riesgo innecesario [5].

24.7 Caso 6 Error real: uso indebido de criterios comerciales

Descripción del error

En un dictamen previo, se intentó validar el volumen asegurado utilizando criterios de "litro por litro", propios de PROFECO [3].

Consecuencia

El dictamen fue severamente cuestionado en audiencia por **confusión de competencias** y uso indebido de criterios comerciales [6].

Corrección pericial

Se aclaró que el volumen reportado correspondía a una **estimación pericial**, no a un volumen comercial, corrigiendo la redacción y el enfoque [2].

24.8 Caso 7 Error de redacción: afirmación de volumen exacto

Descripción del error

Se reportó un "volumen exacto" sin indicar método ni margen de error [4].

Consecuencia

El contrainterrogatorio evidenció la imposibilidad técnica de dicha precisión en campo [6].

Lección pericial

La redacción imprudente puede debilitar un dictamen técnicamente correcto [1].

Conclusiones del capítulo

Los casos prácticos evidencian que la **decisión pericial es contextual**, no mecánica [1]. La seguridad del perito debe prevalecer en todos los escenarios [5]. La estimación conservadora del volumen es más defendible que la sobreestimación [3]. La documentación clara de decisiones fortalece el dictamen en juicio [6]. Muchos errores periciales se originan en la redacción, no en el cálculo [4].

Referencias

1. ASTM D4057-22. *Standard Practice for Manual Sampling of Petroleum and Petroleum Products*.
2. API MPMS Chapter 8. *Sampling of Petroleum and Petroleum Products*.
3. ISO 3170. *Petroleum liquids — Manual sampling*.
4. Speight, J.G. *The Chemistry and Technology of Petroleum*. CRC Press.
5. NFPA 30. *Flammable and Combustible Liquids Code*.
6. Código Nacional de Procedimientos Penales (CNPP). Valoración de la prueba pericial y contrainterrogatorio.

ANEXOS

Anexo A Fórmulas de volumen

A.1 Recipientes cilíndricos verticales

$$V = \pi r^2 h$$

Donde:

- r = radio interno
- h = altura del líquido medida

Uso típico: tambos verticales, cubetas, depósitos simples.

A.2 Recipientes cilíndricos horizontales (pipas, tanques)

$$V = L\left[r^2 \cos^{-1}\left(\frac{r-h}{r}\right) - (r-h)\sqrt{2rh - h^2}\right]$$

Uso típico: pipas, tanques horizontales.

Nota pericial: usar esta fórmula **sin verificar la orientación del tanque** es un error grave (ver Capítulo 23).

A.3 Recipientes rectangulares

$$V = largo \times ancho \times altura$$

Uso típico: cisternas rectangulares, contenedores improvisados.

A.4 Ajuste por nivel de llenado

$$V_{real} = V_{nominal} \times \%\, de\, llenado$$

Anexo B Factores de corrección por temperatura

El volumen de hidrocarburos **varía con la temperatura**. En campo, **no se exige corrección exacta**, pero sí **reconocer el efecto**.

B.1 Principio pericial

- A mayor temperatura → mayor volumen aparente.

- A menor temperatura → menor volumen aparente.

B.2 Criterio práctico

En dictamen se recomienda expresar:

"El volumen fue determinado bajo condiciones ambientales aproximadas de XX °C, reconociendo posibles variaciones volumétricas asociadas a la temperatura."

No aplicar correcciones metrológicas certificadas **no invalida** el dictamen [ASTM/API].

Anexo C Tablas orientativas de densidad

Producto	**Densidad (kg/L a 15 °C)**
Gasolina	0.72–0.76
Diésel	0.82–0.86
Combustóleo	>0.90
Mezclas adulteradas	Variable

Uso pericial: apoyo para identificación, **no para origen lícito/ilícito**.

Anexo D Checklists periciales

D.1 Checklist previo a medición/muestreo

- Ventilación adecuada
- Contenedor estable
- Sin deformación crítica
- Visibilidad suficiente
- Riesgo aceptable

Si **alguna respuesta es NO**, justificar **no intervención**.

D.2 Checklist de determinación de volumen

- Tipo de contenedor identificado
- Método geométrico correcto
- Nivel de llenado documentado
- Volumen reportado como aproximado

Anexo E Formatos de cálculo y registro

E.1 Registro de volumen

- Tipo de contenedor:
- Dimensiones medidas:
- Método empleado:
- Volumen estimado:
- Condiciones ambientales:
- Observaciones y limitaciones:

E.2 Registro de decisión técnica

Se determinó **no realizar medición / muestreo** debido a:

( ) Riesgo físico

( ) Falta de ventilación

( ) Condiciones ambientales

( ) Otro (especificar)

Anexo F Glosario técnico

- **Volumen nominal:** capacidad máxima teórica del contenedor.
- **Volumen contenido:** volumen real presente.
- **Volumen útil:** volumen técnicamente aprovechable.
- **Volumen pericial:** estimación técnica razonable para fines probatorios.
- **Muestreo representativo:** toma que refleja razonablemente el contenido total.

Anexo G Nota técnica de campo Procedimiento correcto para la toma de muestras

1. Evaluar **riesgo vs valor probatorio.**
2. Verificar estabilidad del contenedor.
3. Seleccionar frasco compatible (vidrio, tapa hermética).
4. Evitar superficie libre y sedimentos.
5. Tomar **solo el volumen necesario** (50–100 mL).

6. Sellar, etiquetar y documentar inmediatamente.
7. Registrar motivo técnico si **no se tomó muestra**.

Principio rector:

Una muestra mal tomada vale menos que ninguna muestra.

Conclusión

La intervención pericial en delitos relacionados con hidrocarburos exige un equilibrio constante entre **criterio técnico, seguridad operativa y solidez jurídica**. A lo largo de este libro se ha demostrado que la determinación del volumen, la toma de muestras y la interpretación analítica **no son actos mecánicos**, sino **decisiones técnicas razonadas**, condicionadas por el contexto real del sitio, el sistema de contención, las condiciones ambientales y el marco legal aplicable.

Uno de los ejes centrales de esta obra es la afirmación de que **no todo volumen debe medirse, no toda muestra debe tomarse y no toda intervención debe ejecutarse**. La omisión justificada, cuando se fundamenta técnicamente y se documenta de manera adecuada, constituye una **decisión pericial válida, ética y defendible**. En este sentido, la seguridad del perito y la integridad de la evidencia prevalecen sobre cualquier presión operativa o expectativa de exhaustividad.

El libro también establece una distinción clara entre **volumen comercial, volumen administrativo y volumen pericial**, evitando confusiones frecuentes que debilitan dictámenes y generan vulnerabilidades en audiencia. La correcta delimitación de competencias institucionales —Fiscalía, PEMEX, PROFECO— no solo fortalece el trabajo pericial, sino que evita sobre interpretaciones técnicas y jurídicas que exceden el alcance del perito.

Asimismo, se ha enfatizado que el análisis pericial **no se agota en el resultado instrumental**. La interpretación experta, el reconocimiento de límites técnicos, la redacción prudente y la integración coherente del volumen dentro del dictamen son elementos esenciales para otorgar **valor probatorio real** a la prueba pericial. Un dictamen sólido no es aquel que presume exactitud absoluta, sino aquel que **explica cómo, por qué y bajo qué condiciones** se obtuvieron sus conclusiones.

Los casos prácticos y anexos incluidos confirman que muchos dictámenes técnicamente correctos se debilitan por errores evitables de criterio o documentación. Por ello, esta obra no pretende imponer procedimientos rígidos, sino **formar criterio pericial**, promover decisiones conscientes y proporcionar herramientas prácticas aplicables en campo, laboratorio y juicio.

En conclusión, este libro busca consolidar una visión **realista, técnica y jurídicamente responsable** de la intervención pericial en hidrocarburos. Su propósito final es contribuir a que el perito químico actúe con **autonomía técnica, claridad conceptual y solidez argumentativa**, fortaleciendo así la calidad de la prueba pericial y la credibilidad de su actuación dentro del sistema de justicia.

Publisher: Eliva Press Global Ltd

Email: info@elivapress.com

www.ingramcontent.com/pod-product-compliance
Lightning Source LLC
LaVergne TN
LVHW051110051026
849532LV00004BB/1493
* 9 7 8 9 9 9 9 3 3 5 7 6 8 *